Walter Hutter
Achim Preuß
Albrecht Schad
(Hrsg.)

Astronomie

Aktuelle Perspektiven zur Himmelskunde und Kosmologie

Schriften des NMI

Schneider Verlag
Hohengehren GmbH

Umschlaggestaltung: Gabriele Majer, Aichwald

Gedruckt auf umweltfreundlichem Papier (chlor- und säurefrei hergestellt).

Bibliografische Information der Deutschen Nationalbibliothek

Die Deutsche Nationalbibliothek verzeichnet diese Publikation in der Deutschen Nationalbibliografie; detaillierte bibliografische Daten sind im Internet über ›http://dnb.d-nb.de‹ abrufbar.

ISBN 978-3-8340-1695-9

Schneider Verlag Hohengehren, Wilhelmstr. 13, 73666 Baltmannsweiler

Hompage: www.paedagogik.de

Das Werk und seine Teile sind urheberrechtlich geschützt. Jede Verwertung in anderen als den gesetzlich zugelassenen Fällen bedarf der vorherigen schriftlichen Einwilligung des Verlages. Hinweis zu § 52a UrhG: Weder das Werk noch seine Teile dürfen ohne vorherige schriftliche Einwilligung des Verlages öffentlich zugänglich gemacht werden. Dies gilt auch bei einer entsprechenden Nutzung für Unterrichtszwecke!

© Schneider Verlag Hohengehren, 73666 Baltmannsweiler 2017
    Printed in Germany – Druck: Stückle, Ettenheim

Inhalt

Einleitung — 7

Albrecht Hüttig
Die gemeinsame Geschichte von Astronomie und Bewusstsein — 9

Walter Hutter
Dynamische Verhältnisse im Kosmos — 31

Thomas Maile
Das Standardmodell und aktuelle Forschungen
in der Kosmologie — 57

Achim Preuß
Frühgriechische Naturphilosophen und die
Ordnung (kosmos) des Himmels — 77

Albrecht Schad
Auf der Suche nach dem Zentrum des Kosmos — 105

Einleitung

Wozu ein neues Buch zur Astronomie? Die Frage scheint allzu berechtigt, gibt es doch ausgezeichnete Publikationen und Journale, die den maßgeblichen Themen der Sternenkunde und Kosmologie voll und ganz gerecht werden. Die vorliegende Publikation ist aus einer Forschungstagung hervorgegangen, die im Jahr 2014 an der Freien Hochschule Stuttgart stattgefunden hat. Es stellte sich im gemeinsamen Diskurs der Referenten zusammen mit den Tagungsteilnehmern heraus, dass die bearbeiteten Themen eine spannende Gemeinsamkeit durchscheinen lassen. Sie behandeln brisante Fragen unserer Zeit. Lassen sich etwa die ältere und neuere Bewusstseinsgeschichte der Astronomie und deren charakteristischen Denklinien integrativ verstehen? Kann ein perspektivenreicher Kontext zum gegenwärtigen Forschungsstand der Kosmologie gebildet werden? Wo bleibt der Mensch in dem Panorama heutiger kosmologischer Bilder?

Im Beitrag von *Albrecht Hüttig* wird aufgezeigt, dass die gemeinsame Geschichte von Astronomie und Bewusstsein ein differenziertes Tableau der Wissenschaftsgeschichte manifestiert. Astronomie ist für die Kulturen der Menschheit konstitutiv. Sogar das menschliche Bewusstsein zeichnet sich in seiner jeweiligen Prägung durch kosmologische Bezüge aus. Diese eröffnen besonders dann epistemologische Perspektiven, wenn es gelingt, die jeweiligen Einsichten nicht „vertikal", also hierarchisch zu werten, sondern „horizontal" zu betrachten und als gleichwertig gelten zu lassen. Dadurch entdecken wir uns in einer Komplexität, die einer modernen, nicht reduktionistischen Haltung sowohl uns selbst als auch dem Kosmos gegenüber gemäß ist.

Die Ausarbeitung von *Walter Hutter* charakterisiert die dynamischen Verhältnisse unseres planetarischen Nahraums und stellt ein Modell der Erfassung des Kosmos in „großen Skalen" vor. Diese zweifache Perspektive wird durch die Einsicht ergänzt, dass Menschen dreifach erkennend mit dem gestirnten All verbunden: wollend, fühlend und denkend. Dieser Hinweis führt schließlich zu einer philosophischen Betrachtung der Tatsache, dass wir als Individuen mit dem Wesen des Weltalls verbunden sind. Die Erde ist ohne uns nicht zu verstehen. Dass sogar Embryologie und Kosmologie gemeinsam hinterfragt werden können ist dabei durchaus überraschend.

Thomas Maile setzt in seinem Text den Schwerpunkt auf die heute als gültig angesehenen kosmologischen Modelle. Vor allem die Forschungsergebnisse von Albert Einstein und Edwin Hubble bilden die Grundlage für das theoretische Behandeln raumzeitlicher Vorstellungen. Die Urknallhypothese ist seit Jahrzehnten im Diskurs und führt uns an die Grenzen des physikalischen Fragens. Ein Überblick über die zugehörigen experimentellen Tatsachen und die gedanklichen Grundkonzepte sowie deren Begründungszusammenhang bilden das Kernanliegen dieses Abschnitts.

Die Astronomie der Vorsokratiker ist uns teilweise in fragmentarischen Dokumenten und Referaten antiker Kommentatoren überliefert. Nach wie vor ist das nähere Verstehen der frühgriechischen Auffassung vom Kosmos eine Herausforderung und Gegenstand der Forschung. Im Beitrag von *Achim Preuß* wird die Entwicklung von orientalisch geprägten Weltbildern etwa bei Hesiod und Anaximander zu für uns argumentativ schlüssigen raumzeitlichen Kosmologien bei den Pythagoreern aufgezeigt.

Die Entwicklung der astronomischen Weltbilder von der Antike bis heute wird grundrissartig im Artikel von *Albrecht Schad* mit einem überraschenden Ergebnis nachgezeichnet: Unser Planet Erde, unser nächster und notwendiger Lebensraum lässt sich auch anders betrachten, als ein winziges Staubkorn im Universum. Kein Raumpunkt sei nach den auf der Relativitätstheorie basierenden kosmologischen Modellen ausgezeichnet. Dieses „Prinzip der Bedeutungslosigkeit" unserer Existenz wird durch die Darstellung von Schad als konzeptionelle Folgerung einer Jahrtausende alten Erkenntnisevolution nachvollziehbar und zugleich überwunden.

Albrecht Hüttig
Die gemeinsame Geschichte von Astronomie und Bewusstsein

Die Frage nach den Beziehungen zwischen Phänomenen des Kosmos und menschlichem Bewusstsein ist epistemologisch gesehen spannend und komplex zugleich. Es ist davon auszugehen, dass alle Kulturleistung mit menschlichem Bewusstsein korreliert. Damit ist aber noch nicht die Frage beantwortet, wie dieses menschliche Bewusstsein an den Kulturleistungen, hier Astronomie, abgelesen werden kann. Auszugehen ist von zwei nicht festgelegten Determinanten: Kosmos und Bewusstsein. Dass beide als nicht fixiert anzunehmen sind, mag zuerst verwundern. Es ließe sich formulieren: Der Kosmos ist das Gegebene, das Bewusstsein das sich Verändernde, d.h. der Kosmos ist das Objekt, auf den sich das Subjekt richtet. Ein solcher Gedankengang impliziert jedoch die Annahme, der Kosmos sei bekannt, und zwar in seiner Totalität. Gleiches könnte über das Bewusstsein behauptet werden. Das kann jedoch deswegen nicht gelten, weil damit ein aktuelles Wirklichkeitsverständnis absolut und „richtig" gesetzt würde. Es widerspricht erstens einer methodologisch reflektierten Vorgehensweise, Wirklichkeitsverständnisse irgendeiner historischen Epoche als Maßstab für andere Epochen heranzuziehen. Zweitens ist jedes Aussage, was der Kosmos oder das Bewusstsein seien, das Ergebnis von Erkenntnisprozessen. Diese sind ihrerseits Ergebnisse dessen, was Menschen wahrnehmen, welche Fragen sie stellen und wie sie ihre Beobachtungen und Erfahrungen gedanklich zu einer Beantwortung formen. Wie Rudolf Steiner verdeutlicht, ist die Gedankentätigkeit unabdingbare Voraussetzung, um zu Aussagen über die Welt und den Menschen, über Kosmos und Bewusstsein, über Objekt und Subjekt zu gelangen. Wenn Michael Hagner provokativ formuliert, das menschliche Gehirn sei zu einer Hälfte Organ und zur anderen Projektionsresultat kultureller Positionen, dann trifft das den Kern bzw. die Problematik der angesprochenen dialektischen Beziehung zwischen Phänomenen und menschlichem Bewusstsein. Zutreffend hat Arthur Zajonc von der *gemeinsamen Geschichte von Licht und Bewusstsein* gesprochen. (Steiner 1992: 80ff, Hagner 2007: 3, Zajonc 2008).
Damit wird keinem Konstruktivismus das Wort geredet, sondern die wissenschaftsgeschichtliche Dimension unterstrichen. Das Ziel, den Kosmos durch das menschliche Bewusstsein zu erfassen, ist das historische

Kontinuum. Der Kosmos ist das Objekt dieser Bemühung, nicht dessen Konstrukt. Was er dem Menschen offenbart oder welchen Zugang der Mensch zu ihm findet, hängt vom erkennenden Subjekt ab, das sich in seinem kulturellen, politischen und ggf. wissenschaftlichen Kontext befindet, den es zu berücksichtigen gilt.

Exemplarisch werden im Folgenden Momente der Astronomiegeschichte angeführt, in denen sich beide Größen deutlich manifestieren.

Hochkulturen

Bei den Hochkulturen von Astronomie zu sprechen, ist nur in eingeschränktem Maße berechtigt, da es sowohl um das Gesetzmäßige (nomos) als auch um Götter und Religion ging. Die Sakralbauten Mesopotamiens, Mittelamerikas etc. geben ebenso davon Zeugnis wie die Nebra-Himmelsscheibe, Kreisgrab- oder Kultanlagen der Megalithepoche in Europa, unter denen Stonehenge zu den bekanntesten zählt. Die Bedeutung der Sonne ist für das damalige Bewusstsein existentiell: sie bildet, so ein Ausstellungstitel, den „Brennpunkt der Kulturen" (Bärnreuther 2009, Bertemes 2009: 94ff, Schlosser Cierny 1996: 82ff). Theogonie, Kosmogonie und Anthropogenese bilden eine Einheit. Bei den Mayas und Azteken ist diese Gesamtheit evolutionären Phasen von Bewegung und Stagnation unterworfen, die für Götter und Menschen mit Metamorphosen verbunden sind, mit Werden und Vergehen. In der letzten dieser Phasen wird kultisch einer drohenden Stagnation des Kosmos dadurch entgegengewirkt, dass Menschen ihr Blut oder gar ihr Herz den Göttern opfern bzw. dass Besiegte geopfert werden. Um den richtigen Zeitpunkt für einen solchen Kult zu kennen, bedarf es exakter Kenntnisse. Dem dienen Observatorien und genaue Beobachtungen der Gestirne. Der aztekische Opferkult – Xiumolpili – erfolgt, wenn 4 mal 13 Jahre vergangen sind. Woher stammt die Zahl 13? Sie ergibt sich aus den Bewegungsverhältnissen der Himmelskörper bzw. Gottheiten Erde, Venus und Sonne: 5 synodische Venusrevolutionen entsprechen exakt 8 siderischen Sonnenrevolutionen (geozentrisch betrachtet). Ähnlich wie bei den Kalendarien und deren Relationen durch Mond- und Sonnenausrichtung, begegnen wir einem empirisch suchenden Bewusstsein. Trotz spärlicher Überlieferung der historischen Quellen sind lange Perioden exakter Zeitmessungen der oben genannten Revolutionen incl. der des Mondes nachweisbar (Gaida 2009: 150ff, Ruhnau 2009: 162 ff, Fuls 2002 mit Verweis auf die Publikationen der European Association of Mayanists, http://www.wayeb.org/resourceslinks/wayeb.php, Stierlin o.J.: 130 Plan von

Caracol und Observatorium in Chichen Itza, Landa 1990: 95ff zum Kalendarium und 135 zur Verbrennung der 'teuflischen' Mayaschriften, Ross 1978: 18ff). Die Suche nach Gesetzmäßigkeiten dient in dieser Bewusstseinsform der Orientierung, Positionierung und kultischen Handlungsfähigkeit der Menschen im gotterfüllten Kosmos. Er stellt die maßgebliche Bedingung für die Existenz der Natur, der Menschen und der Götter in ihrer Wechselbeziehung dar.

Die Überlieferungen zur Astronomie der chinesischen Hochkultur zeigen eine etwas andere Charakteristik. Konfuzianistische und taoistische Weltbetrachtungen stehen an erster Stelle. Der Buddhismus wird sinisiert und der „Sohn des Himmels" – als „Kaiser" übersetzt – verweist auf mythologische Wurzeln prähistorischer Dynastien. Eine in Tempeln verehrte Götterwelt gibt es in vorbuddhistischer Zeit nicht, wohl aber, wie das ‚Buch der Wandlungen' manifestiert, ein menschliches Bewusstsein, das sich im Wirkungsbereich der Geschehnisse zwischen dem schöpferischen Himmel, der empfangenden Erde und den Elementen erlebt. Diese Hochkultur zeitigt differenzierte Einsichten in astronomische Phänomene wie z.B. in die Präzession des Frühlingspunktes. Sie liefert exakte Kometenbeschreibungen bis hin zum Halleyschen, gibt die Dauer des tropischen Jahres mit 365,25 Tagen im 4. Jh. v. Chr. an oder durchschaut die Bedingungen von Mond- und Sonnenfinsternissen. Da diese Kultur eine sehr schreib- und dokumentierfreudige ist, wurden die Einsichten über viele Jahrhunderte hinweg tradiert, überprüft und immer exakter. Vergleichbar mit mittelamerikanischen Kulturen sind die empirischen Datensammlungen über viele Generationen gepflegt worden (I Ging 1970, Xiaozhong 2001: 11ff, Shuren 2001: 20ff Jiujin 2001: 37ff).

Weshalb sind z.B. der Orion und die Plejaden in den Mythem australischer Ureinwohner wie im griechischen Mythos identische Sternbilder? Orion wird als Jäger, die Plejaden werden als junge Mädchen, als Töchter des Atlas identifiziert. Beide Kulturen hatten keine materiellen Kontakte, aber die Bewusstseinstufe ist vergleichbar. Wir haben es mit einer allgemeinen „Universalie der Menschheit" zu tun. Ob es sich um die Tradierung eines „weit in die Altsteinzeit" zurückzuführenden Motivs handelt (Cierny Sclosser 1996: 96), kann als eine mögliche Erklärung gelten. Wenn wir nur bei dieser Interpretation bleiben, sind wir jedoch für die Bewusstseinsfrage eingeschränkt, denn damit wird weder geklärt, was die Gründe für die Tradierung sind (weshalb ein solches Motiv so relevant ist, dass es weiter lebt), noch wird die entscheidende Frage beantwortet: Hat das damalige Bewusstsein Projektionen in den Kosmos vorgenommen? Wenn diese Annahme zutrifft, dann sind die Sterne von der menschlichen Phantasie dazu auserkoren worden, Einheiten zu bilden und so Träger von mythischen Inhalten zu werden. Die Sternbilder sind dann Resultat menschlicher Phantasien. Wenn diese Annahme nicht zutrifft, dann hat das damalige Bewusstsein in den Sternen Inhalte wahrgenommen, deren Sinnzusammenhang sich aus den Sternbildern selbst ergibt. Die Sternbilder sind das Resultat ihres Sinngefüges, das in Bildern des Mythos lebt. Beide Interpretationen sind epistemologisch gleichwertig, da eine vorurteilslose Betrachtung jede Form des wissenschaftlichen Reduktionismus' ausschließt und den aktuellen Wahrnehmungshorizont, der kein mythologischer mehr ist, nicht absolut setzt.

Übergang zur griechisch-römischen Epoche bis ins Mittelalter

Die Bedeutung des Kosmos für die menschliche Existenz ist in diesem Zeitraum Wandeln unterworfen. Die Gottheiten Sonne, Mond und andere Planeten waren z.B. im alten Ägypten und Indien Zielorte der postmortalen Seinsform. Diese Überzeugung findet sich im Motiv der Sonnenbarke wieder. In ihrem Gang durch die Nacht- und Totenwelt erweckt sie Mumien temporär zum Leben, wer mit der Sonnenbarke zieht, hat die Unsterblichkeit. Auf dem Mond verweilen die Seelen nach dem physischen Tod. Je nach ihrem Karma werden sie wiedergeboren oder steigen zur Sonne und in den Kosmos auf (Hornung 1985: 119ff, Stietencron 2009: 132f). Das Aufkommen der Philosophie ist die Manifestation für ein sich verändernde Bewusstsein, dem religiöse Erklärungen nicht mehr ausreichen. Die sich ihrer Denkfähigkeit bewusst werdende Individualität emanzipiert sich insofern von religiösen und mythischen Erfahrungen, als sie selbst zur Evidenzerfahrung gelangen will, was es in der wahrgenommenen Welt an Ideen, Wesen und Gesetzmäßigkeiten zu entdecken gibt – die nomoi. In der Astronomie führt das – abgesehen von der enormen Wirkung eines Ptolemaios auf die europäischen und arabischen Wissenschaften (Ptolemaios 1970) – zu neuen Ansätzen wie die bekannte Erdumfangberechnung durch Eratosthenes: Das exakte Winkelmaß des Sonnenschattenwurfes im Meridian (0° in Syene, 7° 12´ in Alexandria) und die exakte Abstandsmessung beider Messorte auf dem gleichen Meridian (5000 ägyptische Stadien) stellen die empirisch gewonnen Daten dar. Was bildet das wissenschaftlich fundierte Ergebnis? Mathematik und Geometrie, also rein denkerisch erschlossene Bereiche, in denen sich der menschliche Geist in Eigenaktivität aktiv einarbeiten und seine gewonnenen Einsichten objektiv überprüfen kann. Durch die mathematische und geometrische Interpretation der empirischen Messungen wird die Erkenntnis des bis dahin Unbekannten objektiv für jeden nachvollziehbar. Es sind zwei geniale Bewusstseinsakte: Die Wahrnehmung der Weltphänomene wird durch geometrische gewonnene objektive Größen – Winkel und Abstand – wiedergegeben und mit mathematisch-geometrischen Gesetzen synthetisiert. Das so gewonnene Ergebnis – der Erdumfang beträgt 250 000 ägyptischen Stadien – ist durch die intensiv rezipierten Commentarii in Somnium Scipionis des spätantiken Platonikers Macrobius dem gelehrten Mittelalter und der Renaissance geläufig geworden, aber nicht nur das (Friedl o.J., Hüttig 1990: 29ff zu den vier Hauptquellen des Platonismus in Mittelalter). Die von Macrobius aufgeführten Aussagen zur Geographie, Theologie und Astronomie beinhalten u.a. die Überzeugung, dass ein höchster Gott – deus summus –, seine Emanation, der Weltengeist – mens mundi – und die Weltseele – anima mundi – die Ursachen aller Existenz sind. Dass der Kosmos sich stetig in einem dynamischen, lebendigen Prozess befindet, die Bewegungen der Planeten die Sphärenharmonie verursachen, ist Wirkung der anima mundi. Jedes menschliche Individuum ist darin ontologisch eingebunden. Wenn es sich zu einer Verkörperung auf der Erde begibt, verlässt es seinen individuellen Stern, gelangt durch die Galaxie in den Tierkreis, verlässt diesen im Krebs und erlangt in jeder Planetensphäre Fähigkeiten: so die Logik durch Saturn, die praktische Wirkfähigkeit durch Jupiter, die Wahrnehmung durch die Sonne, Leidenschaften männlicher Art durch Mars, weiblicher durch Venus, die Sprachfähigkeit durch Merkur und Wachstum wie Fortpflanzung durch den Mond. Auf der Erde, die, wie bei Ptolemaios, geozentrisch und unbewegt gesehen wird, erhält der Mensch seinen sterblichen physischen Körper (Macrobii 1970: C.I,12,1f, Hüttig 1990: 30). Ziel der irdischen Existenz ist eine ethisch so fundierte Lebensweise, dass nach dem irdischen Leben keine Reinkarnation mehr erfolgen muss und das Individuum so die Unsterblichkeit erlangt.

In diesem platonischen Bewusstsein tritt uns die Relation von Makrokosmos und Mikrokosmos in Reinform entgegen. Der Planet ist kein vom Menschen getrennter Himmelskörper, sondern konstitutiv für das Menschsein. Philosophie zu betreiben und damit auch Astronomie zu erfassen, ist gleichbedeutend mit der Erkenntnis der einheitlichen Welt, die vom höchsten Gott bis zur leblosen Materie reicht. In ihr sind Musik, Geometrie, logische Denkfähigkeit etc. universal anzutreffen. Isolierende Grenzen der menschlichen Existenz als kosmisches Wesen gibt es diesbezüglich nicht, denn was dem inkarnierten Menschen als Objekt erscheint, ist auch ontologische Realität seiner selbst.

Es sei hier kurz daran erinnert, dass Astronomie im Mittelalter ordentliches Lehrfach (im quadrirvium, das dem trivium folgt) war. Unabhängig davon, ob jemand Mediziner, Jurist oder Theologe werden wollte, gehörten die 7 freien Künste, wie sie genannte wurden, zur Bildung. Hervorzuheben ist eine Anzahl von Gelehrten, die in spätplatonischen Bewusstseinsinhalten keinen Widerspruch zum Christentum sahen und diese philosophische Sichtweise bejahten. Das Wissen über die astronomischen Phänomene, die Geographie der sphärischen Erde, die Ethik, Musik, Anthropologie etc. war ihnen u.a. durch Macrobius tradiert. Einige dieser Persönlichkeiten haben explizit und quasi ketzerisch die anima mundi mit dem Heiligen Geist gleichgesetzt, die platonische Ethik als identisch mit klösterlichen Idealen verstanden und sogar die Reinkarnation in ihr Denken einbezogen. Zu nennen sind – neben anonymen Schriften und Kommentaren zu Macrobius – Petrus Abaelardus sowie Vertreter der Schule von Chartres: Bernardus von Chartres, Guillaume de Conches, Bernardus Silvestris, Johannes von Salisburry oder Alanus ab Insulis (Hüttig 1990: 94ff, Caiazzo 2002: 45ff). Die intensive Rezeption von Aristoteles' Werken ab dem Hochmittelalter hat den Platonismus nicht verdrängt. Das gelehrte Mittelalter sorgt für Kontinuität bis in die Renaissance. So hat Columbus vor seinen Fahrten sich ausgiebig mit den auf Macrobius fußenden Darstellungen zur Geographie von Pierre d'Ailly befasst. Johannes Kepler hat ihn ebenfalls eifrig studiert, herangezogen und zitiert (Hüttig 1990: 170).

Renaissance: Johannes Kepler, Giordano Bruno und Isaac Newton

„In der Theologie liegt die Bedeutung auf den Autoritäten, in der Philosophie auf dem Verstand. Der heilige Lactantius, der verneinte, dass die Erde rund ist, der heilige Augustinus, der einräumte, sie sei rund, aber die Antipoden leugnete, das heilige Offizium unserer Tage, das die Kleinheit der Erde einräumt, aber dennoch ihre Bewegung nicht kennt – umso mehr gilt für mich die heilige Wahrheit, die ich aus der Philosophie beweise, ungeachtet des Respektes vor den kirchlichen Doktoren: die Kugelform der Erde, die von Antipoden rundherum bewohnt und von aller kleinster Kleinheit ist und schließlich durch die Sterne getragen wird." In diesen einleitenden Sätzen Keplers zu seiner 1609 publizierten Neuen Astronomie (Kepler 1990: 33f, Übs. stammen vom Autor) spricht sich das emanzipierte Bewusstsein aus, welches Autoritäten nur gelten lässt, wenn sich ihre Aussagen verifizieren lassen. Als Verteidiger des kopernikanischen Weltbildes lauten Keplers

Grundüberzeugungen, dass das Schöpfungsprinzip in einer lebendigen Geometrie beruht, Gott ist deren Urbild. Den Kosmos zu erfassen bedeutet, Gott zu erfassen – die Trennung zwischen Wissenschaft und Religion, in welcher Kepler große Übereinstimmung mit dem Platonismus erlebt, gibt es nicht. „Zuerst sind die geometrischen Figuren im Archetypus, dann im Werk, zuerst im göttlichen Geist, dann in den Geschöpfen, unterschiedlich in einzelnen Subjekten, aber gleichen Wesens in ihrer Form." (Kepler 1981: 15)

Mit diesem forscherischen Ansatz verwirft er seine Annahmen, platonische Körper gäben die Abstandsverhältnisse der Planeten im Sonnensystem wieder und sie bewegten sich gleichförmig auf Kreisbahnen um die exzentrisch gelegene Sonne, weil die exakten Beobachtungsdaten, die er auch von Tycho Brahe übernehmen konnte, dem widersprachen. Seine Entdeckung der Ellipsenbahnen und des sogenannten Flächensatzes waren ihm Beweis genug, dass Gott geometrisiert. Es bedarf eben der Anstrengung des menschlichen Geistes, um seine Gesetze zu erfassen. Diese Anstrengung kann Jahre dauern, bis die exakte Intuition eintritt. So offenbarte sich Kepler die verhältnismäßige Übereinstimmung der Quadrate der siderischen Revolutionen (Umläufe) mit den Kuben der mittleren Abstände der großen Halbachsen der Ellipsenbahnen der Planeten. Die explizite Einbeziehung des Menschen ist in seiner Methodenbeschreibung konstitutiv. So formuliert er, dass bei den sinnenfälligen wahrnehmbaren wie geistigen harmonischen Proportionen vier Größen zusammen kommen: „1. Zwei sinnlich wahrnehmbare Dinge gleicher Art und Größe, damit sie wegen der Quantität miteinander verglichen werden können, 2. eine vergleichende Seele, 3. eine innerliche Sinneswahrnehmung, 4. eine geeignete Proportion, durch welche die Harmonie definiert wird." (ebd. 211) Letztere wird an den Intervallen als ganzzahlige Verhältnisse entdeckt. Das ist nur deshalb möglich, weil der Archetypus auch in der menschlichen Seele ist („Archetyp[us], qui intus est in Animâ", ebd. 215). Kepler entdeckte beim Vergleich der täglichen Planetenbewegungen in ihrem Perihel und Aphel die an der Musik gewonnenen ganzzahligen Verhältnisse der Intervalle. Für ihn ist damit der Nachweis erbracht, dass die von den Platonikern tradierte Sphärenharmonie des Pythagoras wirklich existiert. Der Kosmos befindet sich in einem unentwegten Werdeprozess, da die Proportionen, d.h. Intervalle, entstehen und wieder vergehen.[1]

Kepler sah im Sonnensystem und in der peripheren Fixsternsphäre ein Analogon der Trinität: Das Zentrum, die Sonne, entspricht dem Vatergott, die

---

[1] „Es sind die Bilder des Schöpfergottes, die – welche Geister, Seelen, Verstandeskräfte auch immer ihre einzelnen Körper beherrschen – jene führen, bewegen, vermehren, bewahren und vorwärtsbringen. Die harmonischen Proportionen ... bestehen nicht im Sein, sondern im Werden." (ebd. 104f) Zu den Planeten ebd. 296ff.

Peripherie Christus und was dazwischen liegt, dem Heiligen Geist (Kopernikus 1986: 80f Kommentar zu Aristoteles). Den ebenfalls platonisch inspirierten, radikalen Überlegungen Giordano Brunos, der das Sonnensystem transzendierte, folgte er nicht.

Das Universum umfasst nach Bruno alles Sein und Werden, alle Potenz und Wirklichkeit, ist schlechterdings unbegreifbar bezüglich seiner räumlichen und zeitlichen Dimensionen, da nichts außerhalb seiner selbst sein kann. Es kann nicht umfasst werden, da es alles ist und nichts Umfassenderes besteht. Wollte man davon sprechen, man könne es mit geometrischen Formen beschreiben oder einen Teil desselben, heißt das, das Unendliche nicht verstanden zu haben, denn eine angenommene Hälfte des Unendlichen ist unendlich: „… jenem Sein rückst du nicht näher, wenn du Sonne oder Mond, als wenn du Mensch oder Ameise bist; und deshalb sind diese Dinge im Unendlichen ununterschieden." (Bruno 1983: 99, vgl. 67ff, 97ff) Von daher gesehen kann zwar von Bewegungsverhältnissen gesprochen werden wie das der Erdrevolution um die Sonne, tatsächlich ist dieses Phänomen ein im Universum aufgehobenes und somit relatives. Und Gott? Er ist „… das eine höchste Wesen, in welchem Wirklichkeit und Vermögen ungeschieden sind, welches auf absolute Weise alles sein kann und alles das ist, was es sein kann, in unentfalteter Weise ein Einiges, Unermessliches, Unendliches, was alles Sein umfasst …" (ebd. 105, vgl. 103). Giordano Bruno bezahlte seine Überzeugung bekanntlich mit dem Leben, da er sich der kirchlichen Forderung nach totaler Unterwerfung widersetzte. Dass die Kirchenleitung sein Todesurteil durch Verbrennung aussprach, sah er als Ausdruck ihrer Furcht (vgl. Kirchhoff 1993, Aquilecchia 2014).

Bei Bruno tritt uns ein Bewusstsein entgegen, das sich von allen Begrenzungen emanzipiert, sowohl vom astronomisch vertrauten Raum als auch vom theologisch fixierten trinitarischen Gottesbild und somit von epistemologischen Traditionen. Alles darf gedacht werden. Die Angst der kirchlichen Autorität vor einem solchen Bewusstsein besteht darin, dass dieses sich gerade keiner Autorität beugt. Was bleibt, wenn beinahe alle äußeren Orientierungshilfen und Fixpunkte als bedeutungslos erkannt und negiert werden, ist eine enorme Ichstärke. Die menschliche Individualität wird sich nicht nur ihrer relativen Bedeutung im unendlichen Kosmos voll bewusst, sondern sie findet in ihrer existentiellen Vernachlässigbarkeit geradezu den Ansporn, sich dem Unbegrenzten ontologisch und erkennend zu stellen. Die zu dieser Zeit, ca. 2000 Jahre nach Aristarch von Samos, wieder eingetretene, jetzt aber im großen Stil revolutionierende kopernikanische Wende, dass nicht die Erde, sondern die Sonne das Weltenzentrum darstelle, erhält durch Bruno eine Radikalisierung: Es gibt überhaupt kein Zentrum. Das menschliche

Bewusstsein, so die epistemologisch-ontologische Revolution, orientiere sich rein spirituell. Eine solche Weltsicht weist, nicht nur vom denkwürdigen Jahr 1600 aus gesehen, weit in die Zukunft.

Verglichen damit verlief die Biographie Sir Isaac Newtons unspektakulär. Newton sah seine Forschungen in seinem Gottesverständnis integriert – auch hier treffen wir ein umfassendes Bewusstsein an. Ihn in die Ecke der Mechanisten zu stellen, ist laut Ed Dellian ein Fehlinterpretation in der Rezeption seiner Philosophiae naturalis Principia mathematica, in denen Dellian mehr Platonisches als Aristotelisches enthalten sieht. Newton arbeite mit Analogien (nicht Identitäten), die auf objektiven „leges naturae" beruhen und die Fülle der Phänomene umfassen; „causa und effectus" befinden sich laut Newton eben nicht auf der gleichen „Seinsebene" (Newton 1988: XIff, XVII, vgl. Wickert 1995). Der Bewusstseinsschritt Newtons fußt auf den von Kepler erschlossenen Gesetzen. Wie Gravitation wirkt, ist ein Phänomen, das mittels der Analogie an den Planetenbewegungen verständlich wird: „Und weil die Umlaufzeiten in einem Verhältnis stehen, das aus dem direkten [Verhältnis] der Radien und dem Umgekehrten der Geschwindigkeiten zusammengesetzt ist, so stehen die Zentripetalkräfte in einem Verhältnis, das aus demjenigen der Radien direkt und dem Quadrat der Umlaufzeit umgekehrt zusammengesetzt ist." (ebd. 94, 1. Buch, Proposition IV. Theorem IV. Corollar 2) Newton fügt eine ganze Reihe solcher Entsprechungen an, welche aus der Zusammenschau von Eigenbewegung der Planeten und ihrer gravitativen Wechselbeziehung mit der Sonne zur Erkenntnis führen, dass die Massenanziehung zwischen den Körpern umgekehrt proportional zum Betrag des Abstandes im Quadrat ist. In der Differenzialrechnung (seinen „Fluxionen") behandelte Newton zudem das polare Gegenstück zu dem unendlich Großen, was eine neue Dimension des Bewusstseins zum Ausdruck bringt: ein Bewusstsein, das seine Sicherheit (an Grenzen) im Mathematischen findet.

Raum und Zeit sind ihm jeweils absolut und durch nichts, was sich *in* ihnen befindet, bestimmt. Der Raum ist unbeweglich, die Zeit fließt. Die messbare Zeit ist relativ, der messbare Raum genauso. Newton emanzipiert beide Größen von dem an der Anschauung orientierten Denken und transzendiert sie ins rein Geistige, d.h. Mathematische. Es ist deshalb auch nicht möglich, im erfassbaren Raum einen Körper auszumachen, der sich in absoluter Ruhe befindet, da alle Bewegungen relativ sind. (ebd. 41ff, 1. Buch, Def. VIII, Scholium I, II und IV) Mit einer solchen Feststellung ist der Brückenschlag zur Relativitätsansicht gegeben, jedoch ist er auch Resultat von Newtons Gottesbegriff. Gott bedarf keiner Körperlichkeit, er wirkt überall und ewig durch seine spirituelle Existenzform und Herrschaft, bringt Zeit und Raum

„zum Sein" und manifestiert im ganzen gesetzerfüllten Kosmos, nicht nur im Sonnensystem, sein Wirken. Deshalb sei die „Naturphilosophie" in der Lage, Aussagen über ihn zu treffen – die Existenz einer anima mundi schließt Newton aus. Dort, wo es keine theoretische Erklärung gibt, wie für die Eigenschaft der alles durchdringenden, quadratisch zu- bzw. abnehmenden Gravitation, sei es vollkommen unangebracht, Hypothesen zu bilden: „Hypotheses non fingo." (ebd. 226ff, 3. Buch, Scholium Generale) Newtons Sichtweise offenbart, wie sich das Bewusstsein mit zunehmender Selbstsicherheit (Gesetze entdeckend, wie astronomische Phänomene exakt vorausgesehen werden können) der Mathematik zuwendet. Natürlich spielt die Geometrie nach wie vor eine bedeutende Rolle und wird von Newton häufig angewandt, der Titel ist aber auch ein Indiz für die Akzentverschiebung: es geht um die mathematischen Prinzipien, nicht um die geometrischen. Nach Newton lässt sich formulieren: Gott mathematisiert.

Das 20. Jahrhundert: Entgrenzung – Neuorientierung – Rückbesinnung

Mit Arthur Zajonc gesprochen haben Albert Einstein und seine Zeitgenossen den entscheidenden Bewusstseinsschritt der Moderne vollzogen. Das Äquivalenzprinzip manifestiert die Ununterscheidbarkeit von Gravitation und Beschleunigung. Es führt zur vorhergesagten Ablenkung des Lichtes, bei der Sonnenfinsternis von 1919 gemessen und bestätigt, als Hinweis auf den gekrümmten Raum, der mit der Zeit eine Einheit bildet („Verräumlichung" der Zeit). Hier ist auch die Perihelbewegung von Merkur anzuführen, die im Bogensekundenbereich ebenfalls den starren Raum sprengt. Einstein weist eine holistische Sichtweise auf, wenn er ausführt, „daß es keine objektiv-sinnvolle Zerspaltung des vierdimensionalen Kontinuums in eine dreidimensional-räumliches und ein eindimensional-zeitliches Kontinuum" gebe (Einstein 1965: 20, 36ff zum Äquivalenzprinzip, Merali 2013/4). Einstein stand der Quantenphysik etwas skeptisch gegenüber und hielt am „Äther" fest, der „aber nicht mit der für ponderable Medien charakteristischen Eigenschaften ausgestattet gedacht werden" dürfe. Beispielhaft für den forschenden Geist ist seine Aussage von 1951: „Fünfzig Jahre intensiven Nachdenkens haben mich der Frage: *Was sind Lichtquanten?* nicht näher gebracht." (Zajonc 2008: 357, vgl. 328ff) Entscheidend sind diese kurz skizzierten Bewusstseinsentwicklungen, partiell mit der Astronomie verbunden, da sie die bis dahin als absolut angenommene Orientierungspunkte des Menschen – nämlich Raum und Zeit – in relative

umgewandelt hat. „Den Halt, den wir einst draußen fanden, müssen wir nun drinnen suchen", so treffend Zajonc (ebd. 349). Das erging indirekt auch Einstein so, der seine Vorstellung, das Universum sei statisch, aufgrund der Arbeiten von Alexander Alexandrowitsch Friedmann korrigierte. Maßgeblich hat an dieser astronomischen Revolution Edwin Hubble mit seinen Galaxieforschungen gewirkt. Die Spektren der Galaxien weisen zumeist Rotverschiebungen auf (Sharov Novikov Hubble 1994: 87ff). Hervorzuheben ist, dass die Interpretation der Rotverschiebung durch die Zuhilfenahme der Akustik erfolgte. Der Dopplereffekt stand Pate. Eine Schallquelle, die sich entfernt, sorgt für eine Abnahme der Frequenz, der Ton wird für den sich dazu in Ruhe befindenden Hörer tiefer. Die Rotverschiebung des Spektrums bedeutet bei dieser Analogie, dass sich Messort und Emissionsquelle voneinander entfernen. Der Kosmos expandiert – nicht die Objekte im Raumzeitkontinuum, sondern dieses Kontinuum selbst. In der gedanklich linearen Rückführung dieses Prozesses gelangt man zum sogenannten Urknall, zum Big Bang. Über sein Zustandkommen sowie seine physikalischen Gesetzmäßigkeiten in den ersten Zeitabschnitten (Singularität, Planckzeit) lässt sich nichts sagen. Die technisch verfeinerten Beobachtungs- und Messmethoden Hubbles sorgten für den Durchbruch in neue Dimensionen: es gibt nicht nur „unsere" Galaxie, der Kosmos ist erfüllt von unzähligen Galaxien und durchläuft selbst Entwicklungen, hat seine Geschichte. Es hängt, so diese Sichtweise, davon ab, wie sich Expansion (Radialgeschwindigkeit) und Gravitation zueinander verhalten: Der Expansionsprozess kann sich fortsetzen, er kann zu einem Stillstand kommen oder, wenn die Gravitation überwiegt, in sich zusammenstürzen und damit die Existenz des Kosmos beenden, der sogenannte Big Crunch. Edwin Hubble selbst hat sich in der Interpretation nicht festgelegt:
„Wenn Rotverschiebungen nicht Geschwindigkeitsunterschiede darstellen, stimmt die sichtbare Verteilung entweder mit einem statischen Einstein-Modell des Universums überein oder mit einem Modell eines expandierenden, homogenen Universums mit einer nicht wahrnehmbaren Expansionsrate. Bedeuten Rotverschiebungen jedoch Geschwindigkeitsunterschiede, welche die Expansionsrate des Universums widerspiegeln, dann sind die Expansionsmodelle definitiv nicht konsistent mit den Beobachtungen, es sei denn, man postuliert eine starke positive Krümmung des Raumes …" (ebd. 106, zur neueren Auseinandersetzung vgl. Merali 2013)
Der Big Bang hat sich in der gegenwärtigen Astronomie als Modell durchgesetzt. Was manifestiert sich für ein Bewusstsein? Es ist ein genial reduktionistisches, welches einerseits an mechanistische Denkweisen des Materialismus erinnert, so bei Stephen Hawking, andererseits eine enorme

Dynamik aufweist, die sowohl in der Fülle vorher nicht denkbarer und beobachteter Phänomene im Kosmos geschuldet ist (Hintergrundsstrahlung, Galaxieanhäufungen, Quasare, Neutronensterne, Dunkle Materie, Pulsare etc.), als auch in der epistemologischen Auseinandersetzung. Sie manifestiert sich z.B. im anthropischen Prinzip und der anthropischen Kosmologie oder in der heftig umstrittenen teleologischen Sichtweise von und um Thomas Nagel (Hawking Mlodinow 2010, seine These, das Universum erschaffe sich selbst, Gott sei unnötig, wurde kontrovers in den Medien behandelt, vgl. Ravn 1997, Nagel 2013, zur weiteren Differenzierung des Big Bang vgl. Ebeling Feistel 1994: 69ff. und Bojowald 2009).

In diesem Zusammenhang ist es wichtig, auf ein weiteres Bewusstseinsphänomen hinzuweisen. Persönlichkeiten wie Werner Heisenberg oder Wolfgang Pauli, die maßgeblich an der Atom- und Quantenphysik gearbeitet haben, empfanden bei ihren Forschungsansätzen Defizite, die der Ergänzungen bedurften. Zum einen trat die Verantwortung der Wissenschaftler nach dem Bau der Atombombe – nicht nur für sie – so massiv in den Vordergrund wie nie zuvor in der Geschichte der Wissenschaften (Heisenberg 1997: 76ff und Heisenberg 2000: 266, Schirach 2012), zum anderen finden wir bei beiden eine explizite Hinwendung zu Kepler, zum Platonismus. Diese liegt in ihren Fragen nach der Positionierung des erkennenden Menschen im Universum, nach der ontologischen Teilhabe an diesem und an konstituierenden Ideen. Bei den „kleinsten Einheiten der Materie", so Heisenberg, habe man es mit „Formen, Strukturen, oder im Sinne Platos, [mit] Ideen" zu tun (Heisenberg 2000: 38) Keplers Überzeugung, dass den Menschen die „Urbilder" des Proportionalen, Harmonischen innewohnen und die mathematische Erschließung des Harmonischen, das in der Natur entdeckt wird, diese Urbilder nur ins menschliche Bewusstsein erhebe, fasziniert Heisenberg und Pauli. Letzterer referiert Keplers Ansicht, dass die „Ideen ... im Geist Gottes präexistent sind und ... der Seele, als dem Ebenbild Gottes, mit eingeschaffen wurden." In seiner Korrespondenz mit C. G. Jung kommt seine Affinität für den auch bei Kepler auftretenden Begriff des Archetypus zur Geltung, und es schwebt Pauli eine Vision vor: „Am befriedigendsten wäre es, wenn sich Physis und Psyche als komplementäre Aspekte derselben Wirklichkeit auffassen ließen ... [Es] erscheint uns heute nur ein solcher Standpunkt annehmbar, der beide Seiten der Wirklichkeit – das Quantitative und das Qualitative, das Physische und Psychische – als vereinbar anerkennt und einheitlich umfassen kann." Er fand einen klassischen astronomischen Ausdruck für die Spektralanalyse: „Was wir heutzutage aus den Spektren heraus hören, ist eine wirkliche Sphärenmusik des Atoms, ein Zusammenklingen ganzzahliger Verhältnisse, eine bei aller Mannigfaltigkeit zunehmende Ordnung und Harmonie." (Heisenberg 1997:

108ff) Moderne Forschungsaktivitäten des erkennenden Subjekts zeigen sich in diesen Beispielen in einem Prozess der Verortung in der Ganzheit, des Sinnzusammenhangs und der Spiritualität. Ist das nicht der Fall, zerfällt dann das Universum, steht der Mensch sich selbst und ihm entfremdet gegenüber? Interessant ist dabei, dass sowohl bei Platon als auch (anders) bei Kepler in den angeführten Beispielen maßgebliche Orientierungsideen gefunden bzw. generiert wurden.

Der Urknall in der Kontroverse

Halton Arp ist einer der maßgeblichen Kritiker des Big Bang. Die Rotverschiebung sei nicht Ausdruck eines expandierenden Kosmos, sondern Manifestation der Materie, d.h. ihres Alters. Je älter sie sei, desto geringer, je jünger sie sei, desto intensiver sei die Rotverschiebung. Arp gewann diese Einsicht aus seiner Galaxie- und Quasarforschung. Die von ihm gemessene spektrale Rotverschiebung ist bei Quasaren wesentlich stärker als bei den Galaxien, denen sie angehören. Da beide ein System bilden, würde bei der Big-Bang-Annahme (Rotverschiebung deute auf Rezessionsgeschwindigkeit hin) der Quasar oder die Begleitgalaxie eine wesentlich höhere Geschwindigkeit aufweisen als die Galaxie selbst, mit der sie ein System bilden. Das ist ein unauflösbarer Widerspruch. Arp löst ihn, indem er das bekannte Phänomen der Rotverschiebung neu interpretiert. Er emanzipiert sich vom Modelldenken des Big Bang und gelangt durch den Zeitaspekt zu einem radikal anderen Kosmos: „Das Bild des Universums, das dabei entsteht, zeigt ein Weltall, das sich an vielen Punkten kontinuierlich aus sich heraus entfaltet und dabei an eine organische Struktur erinnert ..." Auch dieser Kosmos hat eine Geschichte in sich – eine „fortgesetzte Erschaffung (continuous creation) von Materie". (Halton 1992/93: 112ff, er führt z.B. die Daten von NGC 1073 + 3 Q an, der Quasar würde sich mit 80% der Lichtgeschwindigkeit bewegen, wenn die Rotverschiebung als Indiz seiner Rezensionsgeschwindigkeit aufgefasst wird.)
Im Lexikon der Astronomie (Spektrum 1995, s.v. Quasar) wird auf diese Messergebnisse kurz eingegangen, Arp wird jedoch nicht genannt. Was liegt hier vor? Arp ist abtrünnig geworden, indem er aus dem mainstream der gängigen Astronomie ausgeschert ist – und was im Lexikonartikel bleibt, ist die anonyme Bezeichnung „einige Astronomen". Der Astrophysiker João Magueijo wagte es, bei der Interpretation komplexer Spektren astronomischer Nebel die These aufzustellen, die Lichtgeschwindigkeit könne variabel sein. Ab diesem Zeitpunkt war er mit enormem Widerstand konfrontiert und

konnte – ähnlich wie Arp – kaum noch seine Forschungsresultate publizieren (Magueijo 2003a,b). James Trefil nennt als 5. Grund, weshalb es das Universum nicht geben könnte, die gleichmäßige Hintergrundstrahlung, die von der festgestellten ungleichen Verteilung der Galaxien – an sich schon ein Problem für die Big Bang-Theorie – nicht beeinflusst werde und somit ein Rätsel aufwerfe. Diese Beobachtung ist auch bei Arp zu finden. Der sog. *große Attraktor* mit seiner Pekuliargeschwindigkeit von 600 km/s relativ zu unserer Galaxie weist eine Masse auf, die das 10^{16}-fache der Sonne beträgt und ‚zieht' unserer Galaxie in Richtung Hydra. Auch dieses Phänomen problematisiert die Urknalltheorie bzw. stellt klar, dass von einem expansiven Kontinuum nur in großen Raum-Zeit-Skalen gesprochen werden kann. (Trefil 1990: 79, Ravn 1997).[2]

Im Vorwort seiner Publikation „Das Buch der Universen" stellt der Astrophysiker John Barrow sein Thema vor: Angesichts der diskutierten Annahmen, wir hätten es nicht mit einem, sondern mit vielen Universen zu tun (manche verborgen, manche mit, manche ohne Leben, manche mit einer Geschichte, andere mit ewiger Existenz) führe diese Beschäftigung zum möglichen aller Universen, zum Multiversum: „Das sind dann die fantastischsten und am weitesten reichenden Spekulationen, die derzeit in den Naturwissenschaften zu finden sind. Sie konfrontieren uns mit der Frage, ob die Ausstellungsstücke in unserer Bildergalerie möglicher Universen wirklich existieren oder ob es vielleicht doch nur ein einziges Universum gibt", so sein einleitender Kommentar. (Barrow 2011: Vorwort).

Die Chaostheorie und die Anschauung der Emergenz bilden einen Kontrapunkt zu dieser Methodik der Spekulationen. Sie sind in unserem Zusammenhang eine bedeutende Charakteristik des modernen forschenden Bewusstseins.

Chaos und Emergenz – das Ringen um die verlorene Einheit

Der Buchtitel des Nobelpreisträgers Robert Laughlin ist Programm: Abschied von der Weltformel. Seine Kritik bezieht sich auf fehlende Experimente und

---

[2] Die Relativbewegung von M 31 und unserer Galaxie, die nach den gegenwärtigen Berechnungen zu einer Durchdringung beider System in ca. 4 Milliarden Jahren führe, so Roeland van der Marel vom Space Telescope Science Institute in Baltimore unter dem Titel: Collision „inévitable" des galaxies Andromède et la Voie lactée in: Le Monde v. 1.6.2012 zitiert; vgl. Kayser 2012

Beweise für Weltkonstruktionen, wie die angeführten Spekulationen über hypothetische Universen. Den Big Bang bezeichnete er in einem Interview schlicht als reines *Marketing*, als pure Theorie, die aus einzelnen Beobachtungen synthetisiert worden sei. Ebenso bewertet er die Theoretiker über Schwarze Löcher und Superstrings: „Keine einzige Behauptung von diesen Typen ist durch ein Experiment gedeckt. Nicht ein einziger hat irgendetwas gesagt, das wahr ist! Und der König von allen ist er hier, Stephen Hawking." Hinzukäme die Abhängigkeit der Wissenschaften von ihren Finanziers, von der Politik, denn der Teilchenbeschleuniger des CERN in Genf sei ausschließlich ein Produkt des Kalten Krieges, nicht zum Wohl der Menschheit finanziert, sondern aus Angst vor neuen Waffen. Die Abkürzung spricht für diese Interpretation: „Conseil Européen pour la Recherche Nucléaire". Das Gleiche gilt für den Einsatz von Satelliten: primär zur militärischen Überwachung entwickelt, sekundär zur astronomischen Forschung. Der entscheidende Punkt in unserem Zusammenhang ist Laughlins Kritik daran, aus atomaren Strukturen ableiten zu wollen, welche Formen Materie – ein emergenter Vorgang – bildet. Die „Selbstorganisation der Materie" lässt keine monokausale Ableitung aus deren atomaren Aufbau zu. Deshalb sei auch die Suche nach einer Weltformel obsolet – die Welt ist viel zu komplex gegenüber solchen Reduktionsversuchen. „Was wir sehen, ist eine Veränderung der Weltsicht, in deren Verlauf das Ziel, die Natur durch Zerlegung in immer kleinere Teile zu verstehen, durch das Ziel ersetzt wird, dass man versteht, wie die Natur sich selbst organisiert" (Laughlin 2007 und Laughlin 2009: 122, 307 zur Big Bang- und Stringtheorie).

Die Chaostheorie schließt sich hier weitgehend methodologisch, d.h. bewusstseinsmäßig und somit epistemologisch an. Die Erkenntnis von Henri Poincaré, dass die gravitativen Wechselwirkungen zweier Himmelskörper berechenbar sind, aber in die Unberechenbarkeit münden, wenn der Einfluss eines dritten hinzugenommen wird, bildet einen Ausgangspunkt für die Chaostheorie am Ende des 19. Jahrhunderts. Zum Durchbruch kam sie durch die Entdeckung von Edward N. Lorenz, dass kleinste Veränderungen der meteorologischen Daten gravierende Konsequenzen für die Vorhersage verursachen. Mit dieser Einsicht stellte sich in die Jahrhunderte alte Entwicklung kosmologischer Vergewisserungsebenen eine wiederum neue Bewusstseinsstufe ein. Die kleinste Stelle hinter dem Komma ist zu beachten, Komplexitäten sind als solche zu erkennen. Mindestens eine Sensibilisierung dafür konnte die Folge sein, dass eine starke Eingeschränktheit bis Unmöglichkeit, Prozesse vorhersagen zu können, vorliegen kann. Mechanistische Denkweisen reichen nicht aus. Es kann das Sonnensystem oder das Erd-Mond-System, da in steter Veränderung begriffen, nicht mehr wie selbstverständlich reduktiv allein als stabiler Mechanismus hinterfragt werden (ebd. 224ff., Ravn 1997, Briggs Peat 1993: 57ff, 96 ff, Ebeling Feistel 1994: 29). Die Gleichgewichtskomplexität und -stabilität ist höher bzw. weisheitsvoller anzusiedeln. Nach der Impakttheorie waren Erde und Mond ursprünglich ein gemeinsamen Köper. „Theia", so der Kunstnahme für den Himmelskörper, habe durch Kollision Erde und Mond voneinander getrennt. Die gegenwärtig bestehenden Wechselbeziehungen von Erde und Mond haben sich im Laufe der Zeit ergeben. Das ist aber nur ein Moment ihrer Beziehung. Durch die modernen, sehr exakten Entfernungsmessungen wurde festgestellt, dass beide einen jährlich um ca. 3,8 Zentimeter zunehmenden Abstand aufweisen. Die bestehende Ordnung ist in einem Prozess der Veränderung begriffen und wird in neue Ordnungen übergehen.[3]

Die Dimension dieser Herangehensweise betrifft nicht nur die Astronomie, sondern im Prinzip alle Wissenschaften. Sie ist mehr als die epistemologische Entscheidung, die Welt, das Leben, den Menschen sowie den Kosmos holistisch und komplex aufzufassen. Sie ist Weichenstellung für ökologische Sensitivität, die ihrerseits einen Kontrapunkt zur Umweltzerstörung bildet. Die unökologische Lebensweise ist der reduktionistischen Weltbetrachtung geschuldet (Briggs Peat 1993: 311ff, Ebeling Feistel 1994: 230ff, zur problematischen Entwicklung in den Lebenswissenschaften vgl. List 2007). Wenn das real verstanden wird, sind folgende Aussagen am Beispiel der qualitativen Chemie in ihrer fundamentalen Einfachheit ein Schlüssel des neuen Verständnisses: „So ist z.B. in einer Mischung aus Wasserstoff und Sauerstoff noch kein Wasser vorhanden. Es hat ein neues Wesen, das genaugenommen die „Teile" Wasserstoff und Sauerstoff opfert. Der einzige Weg, diese Teile zurückzuerhalten, besteht darin, das Wasser zu zerstören."
Diese Methode des Betrachtens und Verstehens ist der Anthroposophie eigen: „Sie werden leicht einsehen, daß diese beiden Stoffe [Natrium und Chlor], so wie sie sind, bevor sie eingefangen werden durch eine formende Wesenheit und dadurch erst zu einer chemischen Verbindung in Würfeln kristallisiert erscheinen, jede für sich völlig andere Formen zeigt. Bevor sie eintreten in dieses Formprinzip, haben sie nichts Gemeinsames; aber sie werden eingespannt, aufgenommen von diesem Formprinzip, und dieses bildet den physischen Körper Kochsalz ..." (Briggs Peat 1993: 224, Steiner 1991: 153)
Rudolf Steiners Erkenntnismethode bezüglich des Universums und seiner

---

[3] innovations report v. 6.6.2014, http://www.innovations-report.de/html/berichte/geowissenschaften/mond-entstand-durch-planetenkollision.html; M. Schneider, J. Müller, U. Schreiber, D. Egger, Die Hochpräzisionsvermessung der Mondbewegung in: http://www.fesg.bv.tum.de/ 918 72--~ fesg~forschung~llr.html, letzter Abruf: 21.4.2015

Gliederung ist wie ein Vorläufer der Sichtweise, welcher Chaos- und Emergenzvertreter heute verpflichtet sind. Steiner hält den Ansatz, aus dem Mineralischen in direkter Evolutionsfolge die Entstehung des Lebendigen bis hin zum Menschen zu folgern, für eine unhaltbare Kausalkonstruktion. Sie wird den Phänomenen nicht gerecht. Er sieht in der astronomischen Tatsache, dass die siderischen Revolutionen der Planeten keine ganzzahligen Verhältnisse ergeben (Inkommensurabilität), ein Forschungsgebiet. Ferner spricht er sich dafür aus, von reduktionistischen Berechnungen und starren geometrischen Raumvorstellungen in der Astronomie Abschied zu nehmen. (Steiner 1997: 264f, 266f).

Was folgt aus der Geschichte von Astronomie und Bewusstsein?

Die hier skizzenhaft dargelegten historischen Etappen manifestieren zeitlich-kulturelle Veränderungen im Verlauf der Bewusstseinsgeschichte. Die Bedeutung des Kosmos für die Hochkulturen und frühgeschichtliche Kulturen wirkte so, dass sie die Lebensgestaltung, bis in die Architektur hinein, prägte. Die damaligen Bewusstseinsformen, die wir heute zu erfassen versuchen, sind zum Kosmos orientiert gewesen. Der Kosmos war nicht materiell interessant, sondern spirituell, da gotterschaffen und gotterfüllt. In ihm werden dem Menschen sein Ort und damit seine Lebensbedingung zugewiesen. In dem Maße, wie astronomische Gesetzmäßigkeiten gesucht wurden, die auf der Erde, im Sonnensystem und im Universum wirken, emanzipierte sich das philosophische Bewusstsein aus diesen Zusammenhängen. Es erlebte sich bei dieser Suche aber noch nicht als „abgesondert" von der Welt. Durch das Mittelalter über die Renaissance hinaus treffen wir auf ein religiöses forschendes Bewusstsein. Religion, Wissenschaft und Kunst bildeten eine Einheit. Sie wurden nach und nach individueller aufgefasst und praktiziert.
Wissenschaft bedarf in der Tat des Individuums, das selbst ins Denkerische gelangt und sich nicht von Autoritäten leiten lässt. Was und wer als Autorität gelten, hängt vom Forschungsergebnis ab, d.h. die Autorität muss sich legitimieren. Die gefundene Einsicht in Gesetzlichkeiten hat nachvollziehbar zu sein. Deshalb wird sie aufgeschrieben und publik gemacht, und sie ist methodologisch überlegt. Es dürfen Korrekturen von Irrtümern, die dem forschenden Bewusstsein unterlaufen sind, erfolgen. Ebenso ist der Diskurs zwischen den Wissenschaftlern gefragt. Die Astronomie ist eine Leitwissenschaft geworden, da sie wohl am dramatischsten zeigt, wie wir

gerade bereit sind, unsere Welt aufzufassen. An ihr erfährt das moderne Bewusstsein, wie in dieser Arbeit angedeutet, Grenzerlebnisse, die zu revolutionären Neukonzeptionen von Raum und Zeit führen und dem Kosmos eine historische Dimension des Werdens und Vergehens zusprechen. Dank neuer, auch satellitengestützter Messinstrumente und Detektoren offenbart sich eine enorme Vielfalt an Phänomenen. Die Forschungsrichtungen und die ihnen zugrunde liegenden epistemologischen Haltungen differenzieren sich immer mehr und stehen mitunter polar einander gegenüber, so etwa der Reduktionismus hin zu ‚einfachen' Gesetzen und Modellen (Hypothesenbildung über denkbare, aber nicht wahrnehmbare Phänomene und Ursachen) auf der einen Seite und nicht linear prognostizierbare Formenvielfalt (offene Prozesse) und (chaotische) dynamische Systeme auf der anderen Seite. Die Einseitigkeit einer primär materialistischen, fragmentierenden Weltauffassung wird heute mehr und mehr als problematisch erkannt (zu Galileis Zeiten war das noch nicht so; damals wurde erst entdeckt, dass durch Forschung winzige Details der Wirklichkeit gut verstanden werden sollten). Haben wir – sozusagen synchron – den Anschluss an den Kosmos verloren? Eine mögliche Chance wäre, dass astronomische Forschungen (teilweise geschieht es bereits) durch spirituelle, existentielle oder ökologische Bewusstseinsinhalte befruchtet und zu neuen Fragehaltungen geführt werden können?

Kontrastiv aber auch Mut machend sei die abschließende These formuliert: Weder der Kosmos noch das Bewusstsein der vergangenen historischen Epochen sind mit den Auffassungen des 20. und 21. Jahrhunderts identisch. Ein Astronom der indischen Hochkultur würde über die Erklärungen eines Astronomen des 21. Jahrhunderts genauso seinen Kopf schütteln wie dieser über die indischen Erklärungen. Die gegenwärtige erkenntnistheoretische Aufgabe besteht möglicherweise darin, ein solches Entweder-Oder durch ein Sowohl-Als auch zu ersetzen.

Literatur

Aquilecchia, G. (2014): Giordano Bruno In: Encyclopaedia Britannica (http://www.britannica.com/EBchecked/topic/82258/Giordano-Bruno, 30-7-2014)

Barrow, John D., Das Buch der Universen, Frankfurt 2011

Bärnreuther, A. (Hrsg.) (2009): Die Sonne – Brennpunkt der Kulturen der Welt. München

Bertemes, F. (2009): Die Sonne und ihre Bedeutung im religiös-mythologischen Kontext der Urgeschichte Alteuropas. In: Bärnreuther, A. (Hrsg.), Die Sonne – Brennpunkt der Kulturen der Welt, München

Bojowald, M. (2009): Zurück vor den Urknall – Die ganze Geschichte des Universums. Frankfurt

Briggs, J., Peat, F. D. (1993): Die Entdeckung des Chaos – Eine Reise durch die Chaos-Theorie. München

Bruno, G. (1983): Von der Ursache, dem Prinzip und dem Einen. Philosophische Bibliothek Bd. 21 (Meiner), Hamburg

Caiazzo, I. (2002): Lectures médiévales de Macrobe. Les Glosae Colonienses super Macrobium, Paris

Cierny, J., Schlosser, W. (1996): Sterne und Steine. Eine praktische Astronomie der Vorzeit. Darmstadt

Ebeling, W., Feistel, R. (1994). Chaos und Kosmos – Prinzipien der Evolution. Heidelberg, Berlin, Oxford

Einstein, A. (1965). Grundzüge der Relativitätstheorie, Braunschweig

Fuls, A. (2002): Schrift und Astronomie der Maya. MegaLithos 4

Friedl, D. (o.J.): Wie Eratosthenes die Erde vermessen hat. http://datunddat.de/era/

Gaida, M. (2009) Die Sonne bei den klassischen Maya – Astronomie und Dynastie. In: Bärnreuther, A. (Hrsg.), Die Sonne – Brennpunkt der Kulturen der Welt, München

Hagner, M. (2007): Der Geist bei der Arbeit – Historische Untersuchungen zur Hirnforschung. 2. Aufl., Göttingen

Halton, C. A. (1992/93): Der kontinuierliche Kosmos – Vergangenheit und Zukunft des Universums. Mannheimer Forum 1992/93

Hawking, S., Mlodinow, L. (2010). Der große Entwurf – Eine neue Erklärung des Universums, Reinbek

Heisenberg, W. (1997). Quantentheorie und Philosophie – Vorlesungen und Aufsätze, Stuttgart

Heisenberg, W. (2000). Physik und Philosophie. 6. Aufl., Stuttgart

Hornung, E. (1985): Tal der Könige – Ruhestätte der Pharaonen. Darmstadt

Hüttig, A. (1990). Macrobius im Mittelalter – Ein Beitrag zur Rezeptionsgeschichte der Commentarii in Somnium Scipionis. In: Mordek, H. (Hrsg.): Freiburger Beiträge zur Mittelalterlichen Geschichte Bd. 2, Frankfurt a.M., Bern, New York, Paris

I Ging (1970): I Ging – Das Buch der Wandlungen. Düsseldorf, Köln

Jiujin, C. (2001): Kalender in: Wissenschaft und Technik im alten China. In: Wissenschaft und Technik im alten China. Institut für Geschichte der Naturwissenschaften (Hrsg), Chinesische Akademie der Wissenschaften, Düsseldorf

Kayser, R. (2012): Ursprung der kosmischen Strahlung bleibt rätselhaft. In: Wissenschaft aktuell, 19. April 2012

Kehse, U. (2016). Anthropisches Prinzip unter Beschuss. Bild der Wissenschaft, 16.11.2006

Kepler, J. (1990): Astronomia nova. Caspar, M. (Hrsg.), München

Kepler, J. (1981): Harmonice Mundi. Caspar, M. (Hrsg.), München

Kirchhoff, J. (1993): Giordano Bruno. Hamburg

Kopernikus, N. (1986). Erster Entwurf seines Weltsystems. Rossmann F. (Hrsg.), Darmstadt

Laughlin, R. D. (2007): Der Urknall ist nur Marketing. Interview in: Der Spiegel online v. 31.12.2007

Laughlin, R. D. (2009). Abschied von der Weltformel – Die Neuerfindung der Physik. München

Landa, D. di (1990): Bericht aus Yucatán. Hrsg. v. Carlos Rincón, Leipzig

List, E. (2007): Vom Darstellen zum Herstellen – Eine Kulturgeschichte der Naturwissenschaften, Weilerswist

Macrobii Ambrosii Theodosii (1970): Commentarii in Somnium Scipionis. J. Willis (Hrsg.), Leipzig

Magueijo, J. (2003a): Reports on Progress. Physics, Volume 66, S. 2025

Magueijo, J. (2003b): Schneller als die Lichtgeschwindigkeit – Der Entwurf einer neuen Kosmologie. München 2003

Merali, Z. (2013/4) Schwarze Löcher. Feuerprobe fürs Äquivalenzprinzip. (http://www.spektrum.de/news/feuertaufe-fuers-aequivalenzprinzip/1192790, v. 29. 4. 2013); Es gibt keine Schwarzen Löcher (http://www.spektrum.de/news/es-gibt-keine-schwarzen-loecher/ 1222064 v. 31.1.2014)

Nagel, T. (3013): Geist und Kosmos – Warum die materialistische neodarwinistische Konzeption der Natur so gut wie sicher falsch ist. Berlin

Newton, I. (1988): Mathematische Grundlagen der Naturphilosophie. Philosophische Bibliothek Bd. 394 (Meiner), Hamburg

Ptolemaios, Claudius (1970): Eintrag in dtv-Lexikon der Antike – Philosophie, Literatur, Wissenschaft. München 1970

Ravn, Ib (Hrsg.) (1997). Chaos, Quarks und schwarze Löcher. Das ABC der neuen Wissenschaften, München

Ross, K. (1978): Codex Mendoza – Manuscrit Aztèque. Fribourg 1978/1984

Ruhnau, E. (2009): Tonatiuh – „Er geht und ist heiß". Sonnengott und Sonnenkult der Azteken. In: Bärnreuther, A. (Hrsg.), Die Sonne – Brennpunkt der Kulturen der Welt, München

Schirach, R. von (2012): Die Nacht der Physiker – Heisenberg, Hahn, Weizsäcker und die deutsche Bombe. Berlin

Sharov, A., Novikov, I., Hubble, E. (1994): Der Mann, der den Urknall entdeckte. Basel, Boston, Berlin

Shuren, B. (2001): Astrometrie und astronomische Instrumente. In: Wissenschaft und Technik im alten China. Institut für Geschichte der Naturwissenschaften (Hrsg), Chinesische Akademie der Wissenschaften, Düsseldorf

Steiner, R. (1893): Die Philosophie der Freiheit. 16. Aufl. (1995), GA 4, Dornach

Steiner, R. (1991): Eine Okkulte Physiologie. GA 128, Dornach

Steiner, R. (1997): Das Verhältnis der verschiedenen naturwissenschaftlichen Gebiete zur Astronomie. GA 323, Dornach

Stierlin, H. (o.J.): Maya. Guatemala, Honduras, Yucatan, Berlin

Stietencron, H. von (2009): Die Sonne im Mythos und in der Zeitvorstellung des alten und frühmittelalterlichen Indiens. In: Bärnreuther, A., Die Sonne. Brennpunkt der Kulturen der Welt, München

Trefil, J. (1990): Fünf Gründe, warum es die Welt nicht geben kann. Hamburg

Wickert, J. (1995): Isaac Newton. Hamburg

Xiaozhong, C. (2001): Berichte über astronomische Ereignisse. In: Wissenschaft und Technik im alten China. Institut für Geschichte der Naturwissenschaften (Hrsg), Chinesische Akademie der Wissenschaften, Düsseldorf

Zajonc, A. (2008): Die Lichtfänger – Die gemeinsame Geschichte von Licht und Bewusstsein. Verl. Freies Geistesleben, Stuttgart

Walter Hutter
Dynamische Verhältnisse im Kosmos

Kosmische Signaturen

Unsere Fähigkeit zur Selbstreflexion legt auch nahe, die Existenz und das irdisch-kosmische Sosein als Weltganzes zu hinterfragen bzw. verstehen zu wollen. Dabei blicken wir auch zum Himmel auf und nehmen dort die vielfältigsten Bewegungen wahr. Staunen und Freude an der Wiederkehr der Sternbilder und der Planeten machen etwa Kindern den Himmel zur lebendigen Wesenheit und Bildhaftigkeit. Sie sind ohne Zweifel in der Welt der Gestirne „beheimatet", auch in einem turbulenten Szenario (Abb. 1). Die Rhythmen der Gestirne sprechen unmittelbar unseren ästhetischen und forschenden Sinn an. Sie faszinieren besonders durch ihr zyklisches Erscheinen (Fixsterne) und die Regelmäßigkeiten von Umlaufbahnen (Planeten), obwohl natürlich über ausgedehnte Zeiträume das dynamische Verhältnis der Himmelsobjekte den Veränderungen der Gravitationskräfte und der Rotationsbewegungen unterliegen. Eine weitere Faszination geht von der Frage nach dem Ursprung des Universums aus. Welche Kräfte haben das kosmische All, inklusive das mit Leben begabte Irdische im Universum entstehen lassen? Im Folgenden soll zunächst auf die Bewegungs- und Gleichgewichtsstruktur unseres planetarischen Systems, insbesondere von Sonne, Erde und Mond näher eingegangen werden, um mögliche Perspektiven einer Annäherung bzw. einer bewussten Anschlussnahme an das kosmische Geschehen zu thematisieren.
Das auffälligste Himmelsobjekt, den Mond, können wir sogar mit bloßem Auge bewundern. Seine Erscheinung ist uns im täglichen Bewegungsverlauf und durch die am Nachthimmel sichtbaren Phasen vertraut. Der Aufgang des Mondes im Osten rührt von der täglichen Drehung der Erde um die eigene Achse her. Das Vorbeiziehen des Erdtrabanten aber auch die Bewegungen von Sonne und Fixsternhimmel heben unser vorstellendes Betrachten schnell aus der Geozentrik (Abb. 2) heraus. Wir sind in der Lage, die Position eines Beobachters von Außen anzunehmen, der das Sonnensystem kopernikanisch anschaut (Abb. 4, dadurch vollziehen wir bewusstseinsmäßig ein denkerisches Verlassen oder Übersteigen des aus dem Beobachtungsraum entnehmbaren Sinnenfälligen). Üblicherweise spricht man von Bahnen, die von den Himmelskörpern als Spuren ihrer Bewegung in den Raum gezeichnet werden.

Versuchen wir uns ein Bild unserer unmittelbaren kosmischen Umgebung vor Augen zu führen. Die Erde dreht sich jährlich um die Sonne. Dadurch wird eine Ebene bestimmt. Es ist, geozentrisch gesprochen, dieselbe Ebene, in der sich die Bewegung der Sonne um die Erde vollzieht, die so genannte Ekliptik-Ebene.

Die Himmelskugel der Fixsterne, die die Erde umgibt, zeigt sich uns, je nach Position der Erde, in einem anderen Ausschnitt. Da wir nicht um die ganze Erde herumschauen, können wir lediglich einen Bogen der fernen Schnittfigur der Ekliptikebene mit der Himmelskugel ausmachen – die Ekliptik eben. Tagsüber wandert die Sonne auf einem Ekliptikbogen. Nachts ist der für uns sichtbare Ekliptikbogen am Himmel entlang bestimmter Sternbilder zu zeichnen. Diese Sternbilder werden Tierkreiszeichen genannt. An der „Himmelstapete" kleben also, bildlich gesprochen, die Sternbilder des Tierkreises entlang der Ekliptik.

In seinem täglichen Lauf bewegt sich ein solches Sternbild am Nachthimmel sichtbar von Ost nach West, aber nicht entlang der Ekliptik und auch nicht parallel zur Ekliptik. Dies hängt damit zusammen, dass die Erdachse nicht senkrecht zur Ekliptikebene steht. Die Äquatorebene der Erde und ihre Parallelen werden in der täglichen Bewegung der Gestirne relevant. Deren Schnittlinien mit der Himmelskugel sind die Bahnen der Sterne am Nachthimmel. Die Schnittlinie der Äquatorebene selbst mit der Himmelskugel wird Himmels-Äquator genannt. In Abb. 4 oben ist der Tierkreis gezeichnet, die Bewegung der Erde um die Sonne ebenfalls. An der Neigung der Erdachse lassen sich die Jahreszeiten in unseren Breitengraden verstehen. Die Sonne bescheint uns ein halbes Jahr steiler und ein halbes Jahr flacher. Am Übergang von flacher zu steiler tritt die Sonne in die Himmelsäquator-Ebene. Sie befindet sich dann am Sternbild Fische. Vor gut zweitausend Jahren war dieser so genannte Frühlingspunkt (der heute noch durch das Widder-Symbol gekennzeichnet wird) am Sternbild Widder (wie in der Zeichnung abgebildet). Die Verbindung zum gegenüber liegenden Herbstpunkt wird Äquinoktiallinie (Ä) genannt. Sie ist die Schnittlinie der Äquatorialebene (H) mit der Ekliptikebene (E) und macht eine rückläufige Drehbewegung mit, deren Periode ca. 25800 Jahre dauert. Das tropische Sonnenjahr (der Zyklus der Jahreszeiten = 365,24220 Tage) ist daher etwas kürzer als das siderische Sonnenjahr, d.h. (geozentrisch betrachtet) die Umlaufzeit der Sonne durch die Sternzeichen (365,25636 Tage). Die Periode von rund 25800 Jahren, genannt das Platonische Jahr, ist einer Besonderheit unserer Erdbewegung zuzuordnen. Die langsame Rückläufigkeit der Äquinoktien (Frühlings- und Herbstpunkt) ist ein Spiegel der Präzession (spätlat. praecessio = das Vorangehen) der Erdachse: Die Erdachse zeichnet in 25800 Jahren um den

Pol der Ekliptik einen kleinen Kreis (Radius 23,5°). Die Achse bewegt sich also etwa so, wie die Achse eines sich drehenden Spielkreisels, der etwas „eiert" und einen Kegelmantel beschreibt. Dieser Präzession der Erdachse überlagert sich eine ähnliche Bewegung mit einer Periode von 18,6 Jahren, die so genannte Nutation (ein kleines Nicken) der Erdachse. Sie bewirkt, dass der von der Erdachse um den Ekliptik-Pol gezeichnete Kreis in Wirklichkeit eine geschlossene Wellenlinie ist. Der Präzession entspricht im Raum die Bewegung der Schnittlinie der Ekliptik-Ebene und der Äquatorialebene. Die Nutation kann auch durch die Bewegung einer Raumlinie sichtbar gemacht werden, wenn wir die Ebene der Bahn des Mondes um die Erde hinzunehmen. Sie ist um ca. 5,1° gegen die Ekliptik-Ebene geneigt (Abb. 4: Bahn M). Der Mond steht also zweimal im Monat in der Ekliptik-Ebene. Diese Stellungen werden Mondknoten genannt und spiegeln die Nutation wieder. Jeder Mondknoten wandert in 18,6 Jahren einmal durch den Tierkreis. Fällt die Verbindung der Knoten, die Knotenlinie (K), mit der Äquinoktiallinie (Ä) zusammen, fächern sich um diese Linie Himmelsäquator-Ebene (H), Ekliptik-Ebene (E) und Mondbahn-Ebene (M) (Abb. 4). Wir geben ein Beispiel: Am 19. Juni 2006 passierte um 22 h 23 min der aufsteigende Mond den Frühlingspunkt. Die Kulminationshöhe des Mondes erreichte um diese Zeit den Wert 23,5°+5,1°=28,6° (bereits im April – im Juni waren es, wegen der nicht konstanten Neigung der Mondbahn, lediglich ca. 28,5°).

Zeichnet man (Abb. 4, oben rechts) den zeitlichen Verlauf der Mittagshöhe von Sonne (regelmäßige Wellenlinie) und Neumond (dünnere Linie) über 9 Jahre auf, sieht man jährlich 2 Schnittpunkte der beiden Wellenlinien. In jedem Schnittpunkt stellt sich also der Neumond vor die Sonne und es entsteht eine Sonnenfinsternis. Bei einem Schnittpunkt können sogar zwei Sonnenfinsternisse auftreten, wenn es der Mond in seinem monatlichen Umlauf zweimal vor die Sonne schafft. Das Zeitfenster, in dem bei einer Finsternis-Konstellation der Mond vor die Sonne mindestens einmal tritt, beträgt nämlich 30 bis 36 Tage. Im Jahr 1935 etwa gab es sogar fünf Sonnenfinsternisse, da ein dritter Schnittpunkt der Wellenlinien in das Jahr hereinragte.

Die Ursache für die Verschiebung der Schnittpunkte (Sonnenfinsternisse) immer weiter nach vorne im Jahr ist die Westwanderung der Knotenlinie. Nach Ablauf von etwa 6585,32 Tagen (ca. 18 Jahre und 11 Tage, je nach Schaltjahranzahl) nimmt der Mond wieder die gleiche Stellung zu Sonne, Erde und Knotenpunkt ein. Mit dieser Periode wiederholen sich die Arten (total, ringförmig, partiell) der Sonnenfinsternisse (und Mondfinsternisse). Der Mond steht in etwa derselben Region des nächtlichen Sternenhimmels, wie zu Beginn dieses so genannten Saros-Zyklus (babylonisch: sar = Universum,

Wiederholung). Die Dauer der Finsternis ist praktisch gleich lang. Von der Erde aus gesehen spielt sich diese Wiederholung jedoch nicht exakt am gleichen Ort ab. In Abb. 4 unten wird dies verdeutlicht. Die Totalitätszonen der Sonnenfinsternisse verschieben sich nach jeweils einem Saros-Zyklus um ca. 120° westlich. Zu sehen sind sechs Totalitätszonen.

Die Wellenlinie über Europa zeigt den Verlauf der sichtbaren Finsternis vom 11. August 1999. Die nächste ähnliche totale Finsternis nach gut 18 Jahren verläuft über Nordamerika. Dass die Saros-Periode eine andere Zeitspanne (18 Jahre 11 Tage) umfasst als die Periode der Drehung der Knotenlinie (18,6 Jahre), muss vor dem Hintergrund der Sonnen- und Mondstandes gesehen werden. Die Lage der Knotenlinie sagt uns noch nicht, wo genau die Himmelskörper auf ihren geozentrischen Bahnen zu finden sind.

Die Übereinstimmung der Knotenlinie mit der Äquinoktiallinie (der Rhythmus von 18,6 Jahren) ist ein Rhythmus der sich aus der Lage der Bahnebenen von Mond und Erde ergibt. Der Saros-Zyklus ist ein Rhythmus, der die konkrete Bewegung der Himmelskörper einfängt.

Der Mond bewegt sich mit einer mittleren Bahngeschwindigkeit von 1,023 km/s, die Erde bewegt sich mit einer mittleren Bahngeschwindigkeit von 29,783 km/s und besitzt zudem eine Rotationsgeschwindigkeit am Äquator von 465,1 m/s. Auf der Nordhalbkugel stehend, machen wir Menschen die Erdbewegung voll und ganz mit. Wir sausen also mit im wahrsten Sinne außerirdischer Geschwindigkeit entlang einer ellipsenförmigen Schleifenlinie durch das All. Die Bewegung des Mondes machen wir insofern mit, als wir die Nutation der Erdachse mitgehen. Dabei ändern wir stetig unseren Blick auf den Komplex Fixsternhimmel-Sonne-Mond, dessen Wiederkehr erst nach 18,6 Jahren erfolgt. Der Kosmos dreht und bewegt also mit der Erde auch den Menschen. Umgekehrt gesehen, geben uns die beiden Darsteller Sonne und Mond vor der Bühne des Fixsternhimmels nach jeweils gut 18 Jahren ein ähnliches Schauspiel.

Was sich dabei wiederkehrend in kosmischen Ebenen abspielt, ist die Überdeckung der Äquinoktiallinie durch die Knotenlinie alle 9,3 Jahre (und alle 18,6 Jahre gleichgerichtet). Der Saros-Zyklus dagegen verändert sich unmerklich und umfasst in 18-jährigen Schritten zusammen lediglich 68 bis 77 zur anfänglichen Finsternis artverwandte Sonnenfinsternisse. Daher endet er nach 12 bis 14 Jahrhunderten. Kein Saros-Zyklus eines Finsternis-Ereignisses dauert also ewig. Bemerkenswert an dieser Stelle ist, dass ein dritter, der so genannte metonische Zyklus (Wiederkehr der gleichen Mondphase zum gleichen Kalenderdatum) knapp 19 Jahre dauert. Wir fassen alle langfristigen Mondperioden zusammen: Saros-Zyklus: 6585,32 Tage (wenig mehr als 18 Jahre), Nutationszyklus: 6793,39 Tage (18,6 Jahre), Metonischer Zyklus:

6939,78 Tage, d.h. ungefähr 19 Jahre (vgl. weiterführend Kraul 2002, Raffetseder 1999, Schultz 1985). Diese Rhythmen sind zweifelsohne besondere Verhältnisse unseres Lebensraumes.

Kosmische Rhythmen als Dynamik des Lebens

Der Mond als kosmischer Begleiter der Erde hat einen Einfluss auf Organismen, der von der Chronobiologie (vgl. Endres Schad 1997) umfassend untersucht worden ist. Wir vernehmen und prägen etwa durch unser waches Bewusstsein unsere individuelle und kulturelle Entwicklung. Nachts dagegen schlafen wir. Damit verändern wir im Tagesverlauf rhythmisch unsere Präsenz in der Welt. Nach einer Schlafphase wird spürbar, dass das Ausruhen kein Abschalten im eigentlichen Sinn bedeutet: „Die Wachen haben eine einzige gemeinsame Welt; im Schlaf wendet sich jeder der eigenen zu. Die Schlafenden sind Tätige (ergátas, egerténtas *grch*. Wachende) und Mitwirkende beim Geschehen der Welt." (Heraklit 1989: 25, 29) Seelisch-geistig befinden wir uns dabei in einer Verarbeitungsphase des Tagesgeschehens. Das vollzieht sich unbewusst oder kaum bewusst. Wir rhythmisieren also gemeinsam mit dem Erdumlauf.
Wir rhythmisieren aber auch im Zusammenhang mit größeren Zyklen, dem Wochenzyklus, dem Monatszyklus, dem Jahreszyklus, dem Zyklus der Jahrsiebte. Die Anzahl der Atemzüge pro Jahr und die Anzahl der Tage eines durchschnittlichen Lebensalters von gut 70 Jahren entsprechen der Anzahl der Jahre eines Platonischen Weltenjahres. Der Rhythmus von 18 Jahren erscheint, als Atem des Kosmos aufgefasst, nicht zufällig:
„Dieser Zeitraum enthält nun so viele Erdenjahre, d.h. Umlaufzeiten um die Sonne, wie viele Atemzüge wir Menschen im Durchschnitt in der Minute machen, nämlich 18. […] Was beim Menschen die Atemzüge in einem Tag sind, sind im Platonischen Weltenjahr, das vergleichsweise eigentlich ein ‚Weltentag' heißen müsste, die Erdumläufe um die Sonne. Eine gute ‚Minute' in diesem Weltentag macht die Sarosperiode aus, mit der sich Sonne, Erde und Mond zur gleichen Stellung z.B. einer Finsternis zusammenfinden. So sind die großen Langzeitrhythmen des menschlichen Lebens mit denen des Kosmos zwar nicht streng identisch, aber doch in verkleinerter Zeitordnung eingebunden zu einem zeitlichen Mikrokosmos." (Endres Schad 1997: 138)
Ist also der Rhythmus des Menschen auf den Rhythmus des Kosmos abgestimmt? Ist der Mensch eine Hieroglyphe des Weltalls? Selbstverständlich hat sich der Mensch innerhalb von Jahrtausenden aus dem Naturverlauf nach und nach herausgelöst. Dennoch hat er die kosmischen Rhythmen

gewissermaßen als Bild bewahrt. Ein über längere Zeit von der Tag-Nacht-Rhythmik abgeschirmter Mensch stellt häufig den Schlaf-Wach-Rhythmus auf eine Periode von 25 (statt 24) Stunden um. Diese Periodik entspricht der Länge des Mondtages (Zeit von einem Mondaufgang zum nächsten).

„Alles, was wir an mondperiodischen Rhythmen kennengelernt haben, zeigt bei der Suche nach ihrem Verständnis, wie vielfältig - eng oder locker, in gegenseitiger Abstimmung bis hin zur Identität, vererbt und doch auf den Lebensraum reagibel - jedes Lebewesen sich ebenso von seiner Umwelt rhythmologisch absetzen kann, wie in ihr eingebunden ist." (ebd.: 147)

Die sorgfältige Beobachtung dessen, was sich vor unseren Augen vollzieht, tritt in den Vordergrund. Die elementare Spannung zwischen Mensch und Kosmos konkretisiert sich im lebensvollen Denken und verweist auf eine anthropologische Dimension der Erkenntnistheorie jenseits der rein kognitiven Informationsverarbeitung. Wir werden auf Rhythmen des unbewussten Lebens aufmerksam gemacht, die jeder von uns in seinen Tageslauf unmerklich eingliedert. Darin eingebettet sind Stoffwechsel, Atem- und Blutkreislauf sowie Nerventätigkeit. Die biologische Periodik von Woche, Monat, Jahr und Jahrsiebt ist uns gerade im schulischen Zusammenhang elementar vertraut.

Der Mondknotenrhythmus entzieht sich dem Menschen zunächst fast vollständig. Im Grunde widerstrebt es dem Ich, Rhythmen zu akzeptieren. Diese Qualität hat etwas mit der menschlichen Freiheit zu tun: Im Menschen vollzieht sich mehr als nur Naturnotwendigkeit. Unser Nachdenken über das Leben wird zum vernünftig abwägenden, schließenden Vermittler zwischen objektiv naturwissenschaftlicher Bedingtheit und einem innerlich freieren Anerkennen dessen, „dass man fortwährend auf den Menschen Bezug nimmt, gewissermaßen immer versucht, dasjenige im Weltenall draußen aufzusuchen, was sich auch in irgendeiner Weise im Menschen findet." (Steiner 1987a: 53)

„Dieses Verhältnis des Denkens zur Begriffswelt dürfte eindeutig bestimmt sein durch die *Kategorie des Möglichen.*" (Kallert 1960: 77) Das Weltall und das Leiblich-Seelische-Geistige im Menschen als wesensverwandt zu betrachten, hieße, den Menschen nicht nur als einen Teil des Organismus Erde zu verstehen, der seinen begrenzten Blick zu den Sternen richtet. Vielmehr werden wir regelrecht dazu eingeladen dem Irdischen und dem Kosmischen als Ganzes geistig nachzuspüren (zur Gestensprache des Kosmos vgl. Schmidt 2004).

„[…] denn Sie dehnen sich ja in den Weltraum hinaus nicht wie eine Qualle aus, sondern Sie machen das Leben dieses Weltraumes mit, und als ein das Leben des Weltraumes miterlebendes Wesen erleben Sie das Innere des Menschen." (Steiner 1987a: 127)

Diese Verbindung mit dem „Leben des Weltraumes" nehmen wir zunächst über das optische „Nahfeld" der sichtbaren Himmelsobjekte auf. Eine neue Qualität tritt auf, wenn wir den Kosmos als sich entwickelnde räumliche Ganzheit hinterfragen.

Dynamik in großen Skalen – das Modell von Penrose

Zur den dynamischen Verhältnissen im Kosmos zählt neben der „lokalen" Veränderlichkeit und Konstellation unserer kosmischen Umgebung die Entwicklung unseres Universums über für uns Menschen gigantische Zeiträume. Insbesondere wird seit Jahrzehnten ein Urknallmodell als Entstehungsmoment von Raum und Zeit in Betracht gezogen. Rechnet man die heute gängigen kosmologischen Modelle zurück, wird theoretisch auf einen kosmischen Anfang unendlich hoher Dichte als raumzeitliche Anfangssingularität hingedeutet. Die Frage, was vor dem Urknall gewesen sein mag, sprengt alle unsere Vorstellung.

„Wenn wir, wie es der Fall ist, nur wissen, was seit dem Urknall geschehen ist, können wir entsprechend auch nicht bestimmen, was vorher passierte. Soweit es uns betrifft, sind alle Ereignisse vor dem Urknall folgenlos und haben daher auch nichts in einem wissenschaftlichen Modell des Universums zu suchen. Wir müssen sie also aus dem Modell ausklammern und sagen, dass der Urknall der Anfang der Zeit war. Daraus folgt, dass Fragen wie etwa die, wer für die Bedingungen des Urknalls verantwortlich sei, nicht Gegenstand wissenschaftlicher Untersuchungen sein können." (Hawking Mlodinow 2015: 82)

Selbst die Frage, was bzw. wo der „Big Bang" war, scheint etwas mathematisch gesprochen nicht wohlgestellt.

„A common question is *where did he Big Bang happen?*, suggesting perhaps that one could point in a specific direction and say *That way!*. After all, in a conventional explosion that is a perfectly reasonable question to ask, as all the material flies outwards from the ignition point. Unfortunately, for the Big Bang things aren't so simple, and in a sense the answer is *everywhere and nowhere*. (…) If we take any point in the present Universe and trace back its history, it would start out at the explosion point, and in that sense the Big Bang happened everywhere in space. In another sense, the location of the Big Bang is nowhere, because space is evolving and expanding, and it has changed since the Big Bang took place (…) we are unable to point to the place where the explosion is supposed to have happened. However, all the points in our current space were once at the centre oft the expanding sphere, when the Big Bang took place." (Liddle 2015: 33f)

Die existenzielle Frage, woher und worin unser Universum entstanden ist, bleibt demnach ohne evidenten Aufschluss im Sinne eines vorgestellten Wissens auf empirischer Grundlage. Und trotzdem ist die Frage, wie kosmischer Raum und letztlich unser Lebensraum „dinglich" werden konnte, legitim. Wir Menschen können sie stellen:

„Dalai Lama: If you don't even have space before the big bang, then what catalyzes the big bang and out of what does it come?

Anton Zeilinger: My viewpoint ist that the smaller the universe, the less is happening, in a sense. Therefore, the less space you need for this to happen. Ultimately you have to ask, Where ist the beginning singularity? In physics, anything we say about what goes on before that is just speculation. We should not take it seriously. The idea that there are multiple big bangs is just speculation, with no evidence at all. I should not biased about whether there is one big bang or multiple big bangs because there is no evidence either way.

George Greenstein: There's another possibility, which is a universe that has existed for infinitely long time, was contracting and reached a big crunch, and then begins expansion, which goes on forever. That Big Crunch was the big bang." (Zajonc 2004: 94f)

Seit ca. dem Jahr 2000 sind Modellvorstellungen dieser Art unter dem Stichwort Schleifen-Quantengravitation im Diskurs, wonach der Urknall ein Zwischenstadium sei, ein Wendepunkt als Quantenraum zwischen zwei Raumzeiten (Ashtekar 2012).

Im Jahr 2010 legte Roger Penrose eine Schrift vor, in der er „von Ewigkeit zu neuer Ewigkeit" sich zyklisch formierende Weltbilder (Abb. 7) als denkbar bespricht (zu den in diesem Absatz erwähnten Details vgl. Penrose 2010). Bemerkenswert ist darin die vorausgeschickte Betrachtung polarer Prozesse bei auftretender und bei kollabierender Materie (Abb. 5, 6). Seine *Conformal Cyclic Cosmology* analysiert den gegenwärtigen Stand der Gravitationstheorie. Demnach werden übriggebliebene Schwarze Löcher (nach Kollabieren der Galaxien in der fernen Zukunft des expandierenden Alls – Ende des kosmischen Universums) „verdampfen", sich also in elektromagnetische Strahlung auflösen. Dann vergeht *keine Zeit mehr*, d.h. insbesondere es gibt keinen „Beobachter" mehr. Diesen (trostlosen) Zustand rechnet (skaliert) nun Penrose *konform* um zu einer Urknall-Singularität (keimhafte Bedingung für das anfängliche Auftreten heißer Strahlung, in der *noch keine Zeit* existiert) und identifiziert also mit einem mathematischen „Trick" die beiden extremen Stadien.

Das Endstadium eines ausgebrannten Universums wäre identisch mit dem Anfangsstadium eines neuen Universums. An diesem Ansatz wird deutlich, dass die Beheimatung in der Welt mit dem Versuch einhergehen kann, eine Permanenz oder Kontinuität zu begründen (wie schon Aristoteles auf seine Weise). Vor allem aber zeigt er einmal mehr, dass unser Denken eine unglaubliche Entfaltungskraft erfährt im sich selbst prüfenden Umgang mit Evidenzoptionen an den Erkenntnisgrenzen, die zugleich Durchlässigkeiten zum Spekulativen hin sein können. Letzteres wird Penrose von seinen Kritikern für den Fall vorgeworfen, dass die konforme Umskalierung (am theoretischen Modell) als physikalische Wirklichkeit gedeutet wird.

Große Zeiträume (Skalen) der kosmischen Evolution werfen also noch andere Fragen auf als die von annähernder Periodizität bestimmte nähere kosmische Umgebung der Erde. Die weisheitsvolle dynamische Beständigkeit der Planeten und Fixsterne in vergleichsweise kleinen (Zeit)räumen (menschliche Lebenszeit, Zeitspannen von Generationen) ist einerseits nachvollziehbar und andererseits ein offenbares Gleichgewichtswunder, erst recht oder noch viel mehr in einem offenbar riesigen und expandierenden Universum.

Wir werden im Folgenden einige philosophische Bemerkungen zu diesem Gesamtkontext anfügen, dass wir, ganz angelehnt an das bisher Dargestellte, den Kosmos offenbar dreifach verinnerlichen können: in unserem Wollen d.h. durch unser Dasein und Tun (eingebunden in Stoffwechselprozesse und irdische Lebensverhältnisse), in unserem Fühlen (Erleben des gestirnten Himmels und der darin waltenden gesetzlichen Harmonien, Rhythmen des planetarischen und jahreszeitlichen Nahraums als Atem des Kosmos, Planetenbahnen – vgl. Abb. 3, mythologische Quellen – vgl. Caryad Römer Zingsem 2015 und Cornelius 2009 – zur Genese der planetarischen und stellaren Bilder und Bezüge) und in unserem Denken (Anschauungsformen des Raumzeitlichen). Erkenntnisgrenzen bzw. sogar ontologische Zweifel über Einsichtsmöglichkeiten in die kosmische Natur begegnen uns dabei unweigerlich. Wir berühren mit dieser Problematik die Frage nach potenziellen Fähigkeiten der Annäherung, die wir erkennend möglicherweise so erringen können, dass wir sie dem Weltall wiederum „entgegenbringen".

Wagen wir Grenzüberschreitungen?

Erfahrbar werden anhand der Faszination und forschenden Durchdringung des Kosmos (etwa auch im astronomischen Schulunterricht) die innere Genese unserer Naturauffassung und insbesondere ein produktives Element, das aufhorchen lässt und den Optionen unseres Beobachtungshorizonts ihr jeweiliges Spannungsverhältnis im Erkenntnisganzen zuweist.

„Die physikalischen Gesetze erlauben, viele mögliche Weltallmodelle zu bilden. Unser wahres Weltall ist nur einem von ihnen ähnlich. Warum ist diese eine und keine andere Möglichkeit realisiert worden? Die mittelalterliche und die noch ältere Wissenschaft pflegte zu fragen: *Wozu* ist dieses oder jenes so und so? Die spätere materialistische Wissenschaft wollte kein Ziel in der Existenz sehen, und darum fragte sie nicht mehr *wozu?*, sondern *warum?* Die moderne Physik will nicht mehr fragen *warum?*, sondern höchstens *wie?* Die Kosmologie aber, die auf die verschiedenen Fragen des *Warum?* nicht antworten könnte, würde gleichwohl als mangelhaft empfunden werden. Und das ist eine besondere Eigenschaft der Kosmologie, dass diese Frage *warum?* sich unwiderstehlich aufdrängt." (Rudnicki 1982: 63)

Die Astronomie stellt ein Gefüge dar, in dem kontextualisiert, differenziert und zugleich der Blick geweitet wird, in dem also die Einzelheit der Betrachtung in einem größeren Fragezusammenhang seine eigentliche Berechtigung und Brisanz erhält. Wissenschaftliche Muster werden hinterfragt, es entsteht die angemessene und gleichzeitig befeuernde Einsicht in die Genialität der jeweils in ihrer Zeit gemachten experimentellen und theoretischen Entdeckungen.

Wir beziehen uns heute noch auf die Beobachtungen der Chinesen, Babylonier, Ägypter und der alten Griechen. Es fasziniert, von der pythagoräisch-aristotelischen Weltsicht zu erfahren, in der ein Zentralfeuer als Mitte des Weltalls und seit Philolaos eine zur Erde notwendige „Gegenerde" angenommen wurde (vgl. Hoppe 1911 sowie den Beitrag von Achim Preuß in diesem Band). Platon sah in seinem Dialog Timaios am Himmel zwei Kreise, den Kreis des Gleichen (Äquator – Tagesmessung) und den Kreis des Ungleichen (Ekliptik – Planeten unterscheiden Tage). Das Himmelsgewölbe wurde erschaffen, damit Zeit sei.

Die babylonische Lehre vom „großen Jahr" (platonischen Jahr) weist uns heute auf das frühere Verständnis von der Zyklizität der Zeit hin. Wenn die Planeten stehen, wie je zuvor, sei die Welt im Prinzip wieder so, wie sie damals war. Die fortschreitende Zeit ist ein Zurückkehren, die Herrlichkeit der Welt bestünde darin, dass es in ihr nichts Neues gibt (Weizsäcker 1971: 21).

Das bekannte chinesische Taiji-Symbol (Yin-Yang-Symbol, dat. 1500-1050 v. Chr.) mit dem bekannten schwarz-weißen Wirbel-Motiv repräsentierte eine Grundpolarität zwischen dem Erscheinungsrhythmus der Sonne und dem „kontrapunktischen Gegensatz" der Mondesrhythmik. Dieses „kosmische Urphänomen" (von Bewegung und zugleich Ruhe) wurde als eine Grundlage des Lebens bzw. als Schlüssel zu einem (rationalen) Verstehen der Wirksamkeit kosmischer Kräfte angesehen:

„Denn, fundamental gedacht, bedeutet dieses Prinzip nicht nur eine Strategie des Überlebens, sondern die apriorische Prägung der kosmischen Funktion von Leben überhaupt durch die konkrete Struktur der Umwelt. Was sonst sollte auf die Materie eingewirkt haben, um sie zum Leben zu erwecken, wenn nicht die Kräfte der natürlichen Umwelt? Und was sollte das bestimmende Ordnungsprinzip dieser Kräfte gewesen sein, wenn nicht die hochgradig regelhafte und über Jahrmillionen gleichbleibende Struktur der Himmelserscheinungen? Darin liegt der rationale Kern jener archaischen Religionen, die in ihren Mythen und Ritualen auf vielfältige Weise den natürlichen Himmel als die eigentlich schöpferische Instanz interpretierten." (Fiedler 1998: 223)

Die „Zweideutigkeit, die über dem Ursprung des Fernrohrs liegt, magisches Implantat oder reine Konsequenz der theoretischen Erweiterung des Universums zu sein" (Blumenberg 1985: 753) prägte dann den unterschiedlichen Forschungsduktus von Kepler und Galilei:

„Zwar ist Galilei nicht erst durch das Fernrohr Kopernikaner geworden; aber es lieferte ihm in kurzer Zeit wie von selbst die Belege, deren er bedurfte, und fixierte ihn auf die kopernikanische Mission durch die Evidenz der Anschauung, für die er empfänglicher war als etwa der auf spekulative Konstruktion sinnende Kepler." (ebd: 755)

Nach der kopernikanischen Wende erhielt der Mond eine Sonderstellung im dynamischen System des Kosmos. Er blieb mit seiner kreisenden Bewegung fortan der einzige geozentrische Himmelskörper als sozusagen „Residuum des überholten Irrtums von der Zentralstellung der Erde" (ebd.: 759). Die Entwicklungen seit den immer genauer werdenden Vermessungen der Himmelsobjekte (der Andromeda-Nebel galt im Lauf des 20. Jahrhunderts als zunächst ca. 700 000 Lichtjahre dann 2,5 Millionen Lichtjahre von uns entfernt?) prägen uns, in dem, dass wir den (zentrischen, radialen) Blick in die Tiefe des Kosmos sowie die mathematische Behandlung astronomischer Gleichgewichtsprozesse etwa die Modellierung von Gleichgewichtsfiguren rotierender Flüssigkeiten zum Studium der möglichen Theorien über die Mondenstehung (Lichtenstein 1923) mittlerweile eingeübt haben (das Himmelsobjekt ist so und so weit entfernt) und die Wesenheit der planaren (sphärischen, rhythmologischen) Betrachtung der Himmelsbewegungen, die den alten Kulturen bis ins Kultische hinein eingeschrieben war, zurückdrängen. Würde aus der Wiederentdeckung des Letzteren ein bewusst ergriffener Weg entstehen können, das Weltall wieder „in das Ich zu ziehen", so dass sich dieses Ich zum Weltall wiederum entwickeln, „erweitern"

(Cassirer 2002: 218) kann? Im seit der zweiten Hälfte des 20. Jahrhunderts etablierten anthropischen Prinzip (Bertola Curi 1993) wird eine weitere solche Spur der Anbindung der Kosmologie an die Frage des Lebens deutlich. Es besagt, dass das Universum so beschaffen ist, dass das, was sich in ihm konfiguriert hat, in ihm möglich (bzw. aus ihm heraus notwendig) ist. „Das Dasein von Innerlichkeit in der Welt (…) und damit auch die anthropische Evidenz von Vernunft, Freiheit und Transzendenz sind kosmische Daten." (Jonas 1992: 230)

Hans Blumenberg zeigte in seiner hier bereits zitierten Darstellung zur Genesis der kopernikanischen Welt, dass wir der Notwendigkeit gegenüber stehen, davon zu sprechen, wie ein peripheres Bewusstsein sich selbst auf die Spur dessen kommt, dies zu sein. Dieser Spiegeleffekt im Zusammenhang mit der Frage nach dem Kosmos (und nach der menschlichen Individualität) hängt damit zusammen, dass sich der Himmel heute mehr denn je in seiner ganzen Zwiespältigkeit zeigt: er vernichtet unsere Wichtigkeit und zwingt uns durch die so entstandene Leere nichts wichtiger zu nehmen als uns selbst. An diesem Dreh- und Angelpunkt verorten wir uns mit der Problematik der möglich werdenden Offenheit für Grenzüberschreitungen:

„Mit welchem Recht wagen wir solche Grenzüberschreitungen? Wir wagen sie mit demselben Recht, mit dem wir Vermutungen über die Zukunft anstellen. Die Dialektik der Grenze des Wissens ist nahe verwandt mit der Dialektik des Begriffs der Möglichkeiten. [...] Wer über solche Gedanken öfter mit anderen Menschen spricht, kann dabei eine überraschende Erfahrung machen. Wenige Fragen der Wissenschaft liegen den unmittelbaren Bedürfnissen des Menschen so fern wie diese, und wenige können doch so erregende Debatten hervorrufen. Sachlich gehen diese Debatten fast stets unentschieden aus. Trotzdem bleiben sie nicht ohne Ergebnis, aber in einer anderen Ebene: in der des menschlichen Seins. An der Stellung zu solchen Fragen offenbaren sich menschliche Haltungen, menschliche Typen, und oft kann man schon voraussagen, wie ein Mensch, den man kennt, sich zu ihnen einstellen wird. Der Gläubige, der Zweifler, der Träumer, der Eiferer, der Pedant haben je ihre eigene Weise der Antwort. Der Mensch sucht in die sachliche Wahrheit der Natur einzudringen, aber in ihrem letzten, unfassbaren Hintergrund sieht er wie in einem Spiegel unvermutet sich selbst. Ich möchte Sie bitten, sich dem Blick in diesen Spiegel nicht zu entziehen." (v. Weizsäcker 2006: 61, 63)

Rudolf Steiner wählte ebenfalls das Spiegelmotiv, um allerdings noch stärker auf die Position der Verinnerlichung oder Aktualisierung durch den Menschen hinzudeuten: Hinter den Phänomenen liegende Dinge (an sich) zu suchen, sei „vergleichbar mit dem Versuch, falls man in einem Spiegel diese oder jene Bilder sieht, zu untersuchen, was hinter dem Spiegel ist (…) Der Ursprung der

Bilder liegt aber gar nicht hinter dem Spiegel! Sondern der Ursprung der Bilder liegt vor dem Spiegel: wo wir schon stehen! Wir sind in dem Gebiete drinnen, woher die Bilder kommen." (Steiner 1987b: Vortrag vom 12.11.1917) Dass sich die Natur sogar in widersprüchlichen Gewändern zeigen kann, und dass Theorien nicht die Natur an sich wiedergeben, sondern bestenfalls richtige, aber mitunter ausschließende Beschreibungen von Teilaspekten, war und ist schwer zu akzeptieren. Es ist umso schwerer zu begreifen, je mehr sich die innere Anbindung, das Geistig-Seelische, das Erleben der Verhältnismäßigkeiten im Kosmos (zugunsten etwa bloßer Abstraktionen) vom „Lebewesen" Kosmos lockern. Eine solche Spur der Wesenserkenntnis ist qualitativ mit dem Bestreben unserer menschlichen Intuition, mit einem nicht propositionalen, situativen oder szenisch gegenwärtigen „seelischen Ahnen" eines Gesamtzusammenhangs bei der fragenden Sinnsuche und Sehnsucht nach tieferer Erkenntnis verwandt.

Das ontologische Geheimnis der uns umgebenden Erscheinungen wird von der Astronomie und Kosmologie immer komplexer umkreist und letztlich dann doch dem Philosophischen oder Theologischen überlassen, um nicht aus der eigenen Physik eine Metaphysik abzuleiten zu müssen. Die Verinnerlichung der Forschungsergebnisse wird gleichsam „ausgelagert". Dabei könnte sogar die mathematische Seite der Erkenntnis noch mehr für wahr genommen werden (da wir Menschen das Mathematische schließlich interpretieren können) oder das äußerlich Quantitative mindestens nicht mit allein rationalen Verkürzungen von Problemstellungen gleichgesetzt werden. Die astrophysikalische Forschung ist als Entwicklung bis in unsere Zeit unverzichtbar. Was möglicherweise nicht berechtigt erscheint, ist, bei den zwei Erfolgsumständen der Naturwissenschaft stehen zu bleiben: „Ausscheidung von Zwecken, Sinnesqualitäten, Subjektivität; Reduktion auf das quantitativ in Raum und Zeit Messbare." (Jonas 1992: 249) Ernst Cassirer benennt einen der letzten historischen Momente, in denen diese Dualität „wie naturgegeben" noch nicht so ausgeprägt war. Es ist die Art der Weltansicht eines Giordano Bruno. Er ringt um die grundsätzlich neue Berechtigung des Ich in der Welt, da er sie nicht aufgeben kann. Bruno verhinderte damals noch die aufkeimende Diskreditierung der intuitiven Gewissheit als eine der objektivierenden Naturauffassung nicht mehr angemessene subjektive Fehlvorstellung.

„Überall liegt bei ihm der eigentliche Akzent nicht sowohl auf dem Universum als auf dem Ich, das die Anschauung des Universums in sich zu erzeugen hat. Der Mensch findet sein wahres Ich erst, indem er das unendliche All in sich hineinzieht und indem er auf der anderen Seite sich selbst zu ihm erweitert. Die neue Weltansicht stellt sich durchweg in der Form eines neuen Impulses, eines neuen Antriebes und Auftriebes dar. […] Das Ich ist dem unendlichen Kosmos gewachsen, sofern es in sich selbst die Prinzipien findet, nach welchen es ihn, als unendlich, weiß. Aber dieses Wissen selbst ist nicht von bloß abstrakter, rein diskursiver Art; es ist eine intuitive Gewissheit, die, statt aus dem logischen Verstand, vielmehr aus dem spezifischen Lebensgrund des Ich stammt und aus ihm beständig aufs neue hervorquillt. Gleich Goethes Ganymed steht der Mensch der Renaissance der Gottheit und dem unendlichen Universum ‚umfangend-umfangen' gegenüber." (Cassirer 2002: 218, 220)

Das neuzeitliche, von den Naturvorgängen tendenziell entfremdete Ich wurde durch Giordano Bruno in seiner Bedeutung angezweifelt und befragt. Er empfand zugleich die Notwendigkeit, das Ich philosophisch in den Weltzusammenhang wieder einzugliedern. Dieses neue Verhältnis hat bis in unsere Zeit durch die verschiedenen Ausgestaltungen der klassischen Philosophien am Subjekt-Objekt-Problem ihren Ausdruck gesucht. Eine Trennung war erfolgt. Das bewusste Einleben in die dynamischen Verhältnisse des Kosmos könnte demgegenüber für unsere Zeit (der Wissenschaften und der Möglichkeiten) als innerlich ergriffener, gleichsam gegenläufiger Weg „ausprobiert" werden – was geschieht, wenn man den Komplex Erde, Sonne, Mond versteht und wenn man dann beispielsweise den Planeten Venus in die Betrachtung einbezieht? Er war schon bei den Babyloniern als (erster) Wandelstern bekannt und bildete mit Sonne und Mond eine urbildhafte Trinität. Die weiteren Planeten wären ebenfalls aus verschiedenen Perspektiven zugänglich und gerade auch im Schulkontext durch die Schönheit ihrer geozentrischen Schleifenbildung (Abb. 3) zum heliozentrischen Bild ergänzend bzw. vorangehend unmittelbar besprechbar. Staunenswert sind u.a. die Position der Planeten mit ihren Raumachsen (Abb. 1), die Konfiguration und Dynamik unserer Milchstraße usw..

Aus den durchaus sehr zugänglichen (beobachtbaren, denkend erfassbaren) Einzelheiten und deren Querverbindungen erschaffen wir selbst Vertrautheit und entwickeln weiter „Erkenntnisorgane" für objektive Verhältnisse der kosmischen Wirklichkeit, die *uns* wiederum *benötigen*, um – erst durch uns realisiert – zu gültigen Universalien werden zu können.

„Es wird die Aufgabe der Philosophie sein, einzusehen, dass die dem Menschen offenbare Welt eine *Illusion* ist, bevor er ihr *erkennend* gegenübertritt, dass aber der Erkenntnisweg die Richtung weist nach der vollen Wirklichkeit. Was der Mensch erkennend selbstschöpferisch erzeugt, erscheint nur deshalb als eine Innenoffenbarung der Seele, weil der Mensch sich, bevor er das Erkenntniserlebnis hat, dem verschließen muss, was aus dem Wesen der Dinge kommt. Er kann es *an* den Dingen noch nicht schauen, wenn er ihnen zunächst sich nur entgegenstellt. Im Erkennen schließt er sich selbsttätig das zuerst Verborgene auf. Hält nun der Mensch das, was er zuerst wahrgenommen hat, für eine Wirklichkeit, so wird ihm das erkennend Erzeugte so erscheinen, als ob er es zu dieser Wirklichkeit hinzugebracht hätte. Erkennt er, dass er das nur scheinbar von ihm selbst Erzeugte in den Dingen zu suchen hat, und dass er es vorerst nur von seinem Anblick der Dinge ferngehalten hat, dann wird er empfinden, wie das Erkennen ein Wirklichkeitsprozess ist, durch den die Seele mit dem Weltensein fortschreitend zusammenwächst, durch den sie ihr inneres isoliertes Erleben zum Weltenerleben erweitert." (Steiner 1985: 598ff)

Die Ich-Kraft orientiere sich dabei an einer Neutralisierung ihrer durch das eigene Selbstbewusstsein die objektive Welt verschleiernden Tendenz. Können wir also tatsächlich diese Neutralisierung, wie Heraklit es vorschlug, in der vorbegrifflichen Figur des tätigen Hinhorchens erstreben? „Weisheit ist, Wahres zu sagen und zu tun nach dem Wesen der Dinge, auf sie hinhorchend." (Heraklit 1989: 35) Eine verbindliche Ausgangsbasis dafür stellt das Bemühen des Menschen selbst dar, dem zunächst, wieder mit Heraklit gesprochen, das meiste Göttliche (Übersinnliche) aus mangelnder Vertrautheit (Verbundenheit) entgeht (ebd.: 29). Hans Jonas wies darauf hin, dass es jetzt besonders auf das *Ist* ankommt. „Man muss es sehen, und man muss es hören. Was wir sehen, umschließt das Zeugnis des Lebens und des Geistes – Zeugen wider die Lehre von einer wert- und zielfremden Natur. (…) das Ist (…) sagt uns, dass wir jetzt die von uns gefährdete göttliche Sache in der Welt vor uns schützen, der für sich ohnmächtigen Gottheit gegen uns selbst zu Hilfe kommen müssen." (Jonas 1992: 247) Die Bedeutung des kosmischen Ganzen berührt daher zu Recht die Verantwortlichkeit und Offenheit für unsere Eingebundenheit in eine lange kosmologische Evolution. Die Erde z.B. ist nicht außerhalb von uns. Sie kann nur mit uns zusammen verstanden werden. Und noch weiter angeschaut, ist möglicherweise die Peripherie des Universums mit unserer individuellen Einzigkeit untrennbar verbunden. Finden wir sogar in der Konzeption des einzelnen Menschen „kosmische Daten"? Diese Frage würde Embryologie und Kosmologie als verwandte Fragestellungen – über das potenzielle Werdenkönnen eines keimhaften Entwurfs – erscheinen lassen. Rudolf Steiner gab dazu folgende konkrete Annäherungsoption:

„Man habe das Zellgerüst gewissermaßen eingebettet in derjenigen Substanz, die nicht in dieser Weise geformt ist wie das Zellgerüst selbst (Abb 8, oben). … Diese kugelige Form wird ja bedingt von der dünnflüssigen Substanz. Diese kugelige Form hat in sich eingeschlossen die Gerüstform. Und die kugelige Form, was ist sie? … sie bildet das Weltall nach! Sie hat dieselbe kugelige Form, weil sie den ganzen Kosmos, den wir uns auch zunächst ideell als eine Kugelform vorstellen, als eine Sphäre, ... in Kleinheit nachbildet. *Jede Zelle in ihrer Kugelform ist nichts anderes als eine Nachbildung der Form des Kosmos.* ... Nehmen Sie an, Sie haben eine Weltensphäre, ideell begrenzt (Abb. 8, unten). Darin ... haben Sie hier einen Planeten und hier einen Planeten (a, a$_1$). Die wirken so, dass ihre Impulse in dieser Linie liegen, mit denen sie aufeinander wirken. Hier (m) bildet sich (natürlich schematisch gezeichnet) eine Zelle; ... ihre Umgrenzung bildet die Sphäre nach. Hier innerhalb ihres Gerüstes hat sie ein Festes, welches von der Wirkung dieses Planeten auf diesen abhängt. Nehmen Sie an, hier wäre eine andere Planetenkonstellation, die aufeinanderwirkt (b, b$_1$). Hier wäre wiederum ein anderer Planet (c), der keinen Gegensatz hat; der verrenkt die ganze Sache, die sonst vielleicht rechtwinklig stünde. Es entsteht die Bildung etwas anders. Und Sie haben in der ganzen Gerüststruktur eine Nachbildung der ganzen Verhältnisse im Planeten-, überhaut im Sternensystem. ... Sie bekommen eine Erklärung für diese konkrete Gestalt nur, wenn Sie in der Zelle sehen ein Abbild des ganzen Kosmos. ... [Die weibliche Eizelle] hat sich zur Nachbildung des Kosmos in die ruhige Form zusammengezogen, aber diese Nachbildung wird [durch die männliche Geschlechtszelle] hineingezogen in die Bewegung ... es werden die weiblichen Kräfte, die Nachbildungen der Gestalt des Kosmos und zur Ruhe gekommen sind, aus der Ruhe, der Gleichgewichtslage gebracht. ... Sie können gar nicht Embryologie studieren, ohne dass Sie Astronomie studieren. Denn das, was Ihnen die Embryologie zeigt, ist nur der andere Pol desjenigen, was Ihnen die Astronomie zeigt." (Steiner 1926: 16ff)

Diese vergleichende Darstellung wirkt herausfordernd und beim ersten Lesen durchaus befremdlich, da zunächst unklar ist, in welche Argumentationsebene der Leser mitgenommen wird, bzw. von wo aus eine innere Haltung zu den Fragen eingenommen werden kann. Was wäre, wenn die Aussagen stimmen? In welcher Art kann man sich zu dieser Polarität von Punkt und Umkreis beurteilend stellen? Was tut eine solche Fragehaltung mit demjenigen, der sie versuchsweise zulässt? Ein derart übendes (meditatives) Weiten im Angesicht von Kosmos und Leben sei an dieser Stelle als anregende, die fachliche Dimension möglicherweise befruchtende Forschungsrichtung anzusehen. Mensch und Kosmos sind mindestens aus der gemeinsamen Seinsgeschichte heraus untrennbar verbunden. Den Kosmos als produktives Rätsel zu bejahen (lieben) wäre ein Ausdruck menschlich-irdisch-kosmischer Verbundenheit, die unsere eigenen schöpferischen Erkenntnisprozesse und eigentlich unser Leben in der Welt bestimmen kann.

Der Philosoph Byung-Chul Han verweist mit drastischen und zugleich Augen öffnenden Worten auf das, was uns daran hindert, die Stimme und den Klang der kosmischen Welt zu vernehmen: „Wir stellen die Welt voll mit Dingen mit immer kürzer werdenden Haltbarkeit und Gültigkeit. Die Welt erstickt in den Dingen. Sie vermehren sich wie Bakterien. Für dieses Wachstum, für diese karzinomatöse Wucherung der Dinge als Waren arbeiten, produzieren und konsumieren wir wie verrückt. Dieses Warenhaus unterscheidet sich nicht wesentlich vom Irrenhaus. Wir haben scheinbar alles. Uns fehlt aber das Wesentliche, nämlich die Welt. Die Welt ist stimm- und sprachlos geworden, ja klanglos." (Han 2015: 65)

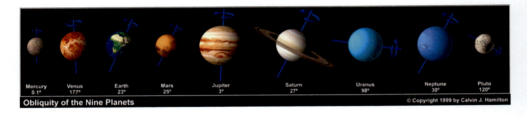
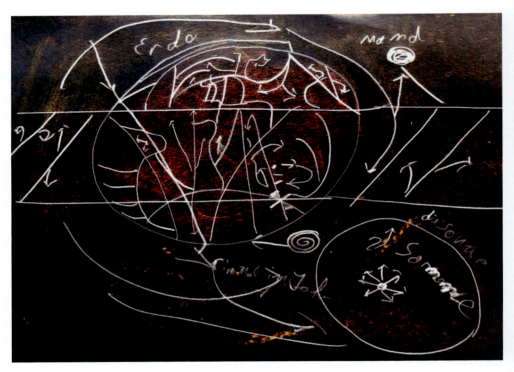

Abb. 1: Neigung der Planetenachsen und Zeichnung eines 9-Jährigen zum Komplex Sonne-Erde-Mond

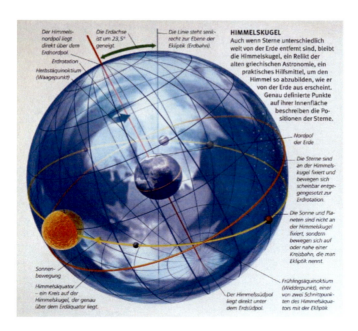

Abb. 2: Geozentrische Orientierung anhand der „Himmelskugel" und deren sphärischen Koordinaten (Ridpath 2007: 130)

Abb. 3: Venus in geozentrischer Sicht: Die Bahn zeichnete in acht Jahren (1960-68, die Jahrespunkte sind im Bild markiert) fünf Schleifen (nach Schultz 1985: Abb. X)

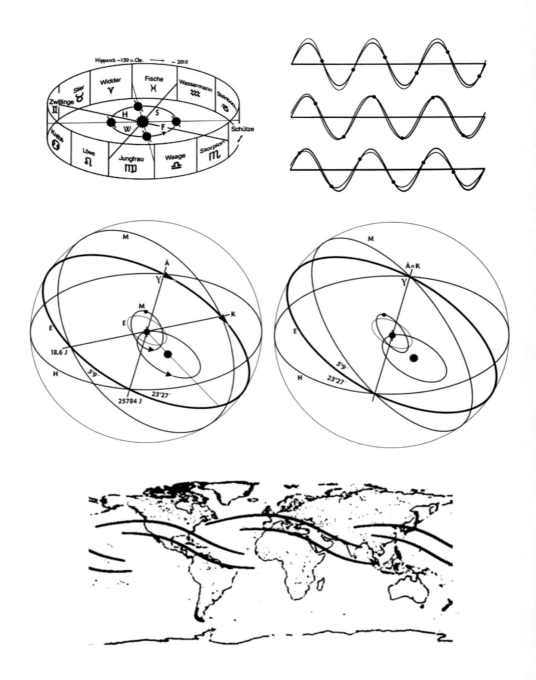

Abb. 4: Frühlingspunkt-Verschiebung; Höhe von Sonne und Neumond (Wellenlinien) am Himmel beispielhaft über 9 Jahre aufgezeichnet; in der Mitte: 2 Darstellungen von Mondbahn, Himmelsäquator und Ekliptik; unten: sechs verschobene Positionen der Totalitätszone einer Sonnenfinsternis nach jeweils ca. 18 Jahren in Richtung Westen

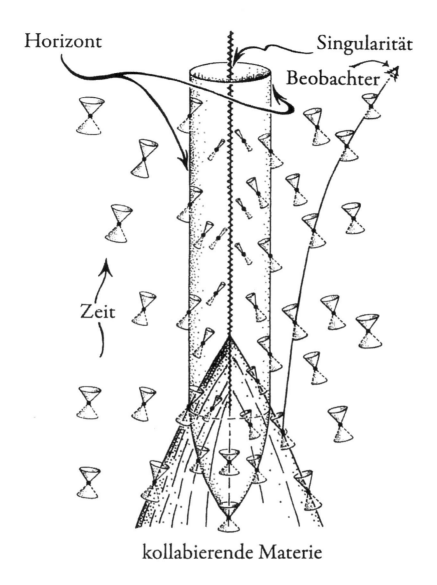

Abb. 5: Materiekollaps (eines massereichen Sterns) zu einem Schwarzen Loch (Penrose 2010: 109). Die Dichte und die Krümmung der Raumzeit wird in diesem Punkt unendlich. In dieser Raumzeitsingularität versagt die Einsteinsche Theorie und die herkömmliche Physik. Dargestellt ist das „umgekehrte Problem" wie beim Urknall.

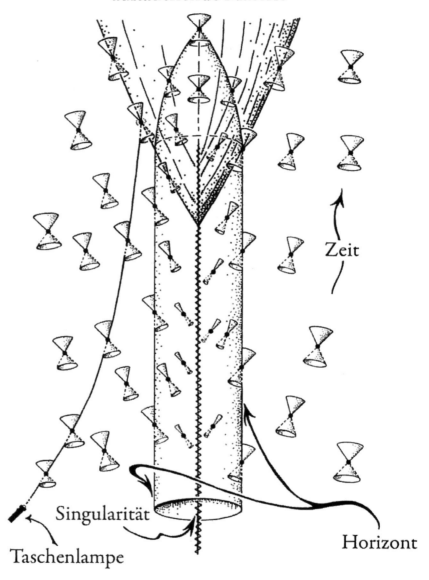

Abb. 6: „Weißes Loch", d.h. die Zeitumkehr eines Schwarzen Lochs (Penrose 2010: 146). Ein Problem dabei ist die Verletzung des Zweiten Hauptsatzes der Thermodynamik. „Es ist die Tatsache, dass solche Singularitäten zu Weißen Löchern in unserem Urknall vollkommen *fehlten*, die unseren Anfangszustand zu etwas ganz Besonderem werden lässt." (ebd.)

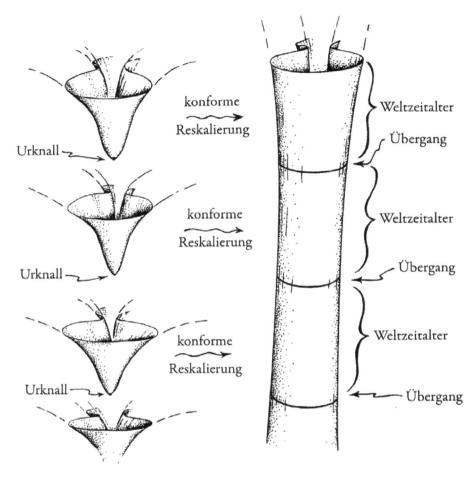

Abb. 7: Konforme zyklische Kosmologie (Penrose 2010: 172)

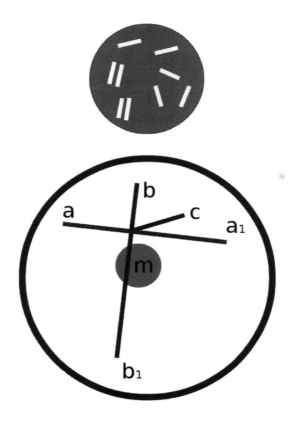

Abb. 8: Zelle und Kosmos (nach Steiner 1926, Tafel zum Vortrag vom 1.1.1921)

Literatur

Ashtekar, A. (2012): Welt ohne Anfang? Spektrum der Wissenschaft Highlights 2/12 – Kosmische Ursprünge, Wie Astronomen die Geschichte des Universums enträtseln, 7-11

Bertola, F, Curi, U. (Hrsg.) (1993): The Anthropic Principle – Proceedings of the Second Venice Conference on Cosmology and Philosophy. Cambridge Univ. Press, Cambridge

Blumenberg, H. (1985): Die Genesis der kopernikanischen Welt. 2. Aufl., Suhrkamp, Farnkfurt a.M.

Caryad, Römer, T., Zingsem, V. (2015): Wanderer am Himmel – Die Welt der Planeten in Astronomie und Mythologie. Springer Spektrum, Berlin-Heidelberg

Cassirer, E. (2002): Ges. Werke, Hamburger Ausgabe, Bd. 14. WBG (Meiner), Darmstadt

Cornelius, G. (2009): Was Sternbilder uns erzählen – Die Mythologie der Sterne. 2. Aufl., Kosmos, Stuttgart

Endres, K.-P., Schad, W. (1997): Biologie des Mondes, S. Hirzel, Stuttgart

Fiedler F. (1998): Yin und Yang oder die absolute Polarität. In: Peter Cornelius Mayer-Tasch (Hrsg.): Die Zeichen der Natur. Insel, Frankfurt a.M.-Leipzig

Heraklit (1989): Fragmente. 11. Aufl., Artemis & Winkler, Zürich

Hoppe, E. (1911): Mathematik und Astronomie im klassischen Altertum. Carl Winter, Heidelberg

Han, B.-C. (2015): Das falsche Versprechen der Arbeit. Philosophie Magazin 6, 62-65

Hawking, S., Mlodinow, L. (2015): Die kürzeste Geschichte der Zeit. Rowohlt, Hamburg

Jonas, H. (1992): Philosophisch Untersuchungen und metaphysische Vermutungen. Insel, Frankfurt a.M.-Leipzig

Kallert, B. (1960): Die Erkenntnistheorie Rudolf Steiners – Der Erkenntnisbegriff des objektiven Idealismus (Diss. der philosophischen Fakultät Erlangen). Verl. Freies Geistesleben, Stuttgart

Kraul, W (2002): Erscheinungen am Sternenhimmel. Verl. Freies Geistesleben, Stuttgart

Lichtenstein, L. (1923): Astronomie und Mathematik in ihrer Wechselwirkung. S. Hirzel, Stuttgart

Liddle, A. (2015): An Introduction to Modern Cosmology. Wiley & Sons, West Sussex

Penrose, R. (2010): Cycles of Time. Bodley Head, London (dt. Übs. Zyklen der Zeit. Spektrum, Heidelberg)

Raffetseder, W. (1999): Sonnenfinsternis. Heinrich Hugendubel, München

Ridpath, I. (2007): Astronomie. Dorling Kindersley, München

Rudnicki, K. (1982): Die Sekunde der Kosmologen. Vittorio Klostermann, Frankfurt a.M.

Schmidt, T. (2004): Astronomie – Kosmologie – Evolution. Verl. Freies Geistesleben, Stuttgart

Schultz, J. (1985): Rhythmen der Sterne. 3. Aufl., Phil.-Anthroposophischer Verl., Dornach

Steiner, R. (1926): Das Verhältnis der verschiedenen naturwissenschaftlichen Gebiete zur Astronomie (Vortrag vom 1.1.1921). Hrsg. Mathematisch-astronomische Sektion am Goetheanum, Dornach

Steiner, R. (1985): Die Rätsel der Philosophie. GA 18, 9. Aufl., R. Steiner Verlag, Dornach

Steiner, R. (1987a): Entsprechungen zwischen Mikrokosmos und Makrokosmos. GA 201, 2. Aufl., R. Steiner Verl., Dornach

Steiner, R. (1987b): Die Ergänzungen der heutigen Wissenschaft durch Anthroposophie. GA 73, 2. Aufl., R. Steiner Verl., Dornach

Weizsäcker, C. F. von (1971): Platonische Naturwissenschaft im Laufe der Ge-schichte. Vandenhoeck & Ruprecht, Göttingen

Weizsäcker C. F. von (2006): Die Geschichte der Natur. 2. Aufl., S. Hirzel Verlag, Stuttgart

Zajonc, A. (2004): The New Physics and Cosmology – Dialogues with the Dalai Lama. Oxford Univ. Press, Oxford

Thomas Maile
Das Standardmodell und aktuelle Forschungen in der Kosmologie

Einführung

Die Kosmologie beschäftigt sich – als Teilgebiet der Physik – mit dem Ursprung und der Entwicklung des Universums. Ausgangspunkt sind Beobachtungen des uns sichtbaren Teils des Universums, zu deren Erklärung physikalische Theorien geschaffen wurden, deren Gültigkeit im jeweiligen Betrachtungsrahmen mit einer hohen Präzision nachgewiesen ist: Einsteins allgemeine Relativitätstheorie und das Standardmodell der Teilchenphysik, das auf der Quantenmechanik und der Quantenfeldtheorie beruht. Das heute allgemein akzeptierte theoretische Modell soll hier charakterisiert (und weniger erkenntniskritisch hinterfragt) werden. Man bezeichnet es als „Standardmodell" der Kosmologie. Es beschreibt die Entwicklung des Universums von einem sehr dichten und heißen Zustand ausgehend ab einem Zeitpunkt kurz nach dem Urknall bis zu seinem heutigen Alter von errechneten 13,8 Milliarden Jahren. Der Urknall wird dabei nicht als Explosion in einem bestehenden Raum verstanden, sondern markiert das Entstehen von Raum, Zeit und Materie aus praktisch „Nichts". Besonders das sehr frühe Universum ist derzeit Gegenstand theoretischer Forschungen. Aktuelle astronomische Beobachtungen des gegenwärtigen Universums zeigen uns aber auch (zusammen mit den Urknallmodellen), was wir noch nicht wissen. Demnach muss es im Universum eine ungewöhnliche Form von Energie und Materie geben, deren Auswirkungen wir messen und interpretieren können, über die wir aber bisher so gut wie keine weitergehende Kenntnis besitzen – man nennt sie deshalb Dunkle Energie und Dunkle Materie. Bevor wir am Schluss auf die letztgenannten Besonderheiten eingehen, soll im Folgenden das Standardmodell der Kosmologie zusammen mit den zugrundeliegenden Beobachtungen skizziert werden.

Die Expansion des Universums

Anfang des 20. Jahrhunderts hielt man das Universum für statisch und unveränderlich. 1915 hatte Einstein seine allgemeine Relativitätstheorie formuliert. Sie bestimmt einerseits die Geometrie von Raum und Zeit durch die Energie und Impuls tragende Materieverteilung und sie bestimmt andererseits, auf welchen Bahnen sich Materieteilchen in Raum und Zeit bewegen. Zwei Jahre nachdem Einstein seine allgemeine Relativitätstheorie vorgestellt hatte, wandte er 1917 seine Feldgleichungen auf den Kosmos als Ganzes an. Er traf dabei die vereinfachende Annahme, dass das Universum auf großen Längenskalen homogen ist (Einstein 1917), dass also die Materie auf sehr großen Skalen überall gleich verteilt erscheint. Eine Vorstellung, wie groß diese Längenskalen tatsächlich sein müssen, um die Homogenität zu gewährleisten, können wir weiter unten im Detail angeben. Die Lösung der Einsteinschen Gleichungen zeigte, dass das Universum nicht stabil sein kann. Dies widersprach dem damals allgemein anerkannten Denken, und Einstein selbst versuchte durch das Einfügen einer kosmologischen Konstanten in seine Gleichungen eine Balance herzustellen, die das Universum statisch machen sollte. Der russische Physiker Alexander Friedmann zeigte dann im Jahr 1922, dass die von Einstein vorgeschlagene Lösung durch kleinste Störungen instabil wird (Friedmann 1922) und präsentierte weitere zwei Jahre später seine eigenen Lösungen der Einsteinschen Feldgleichungen, die zeigten, dass das Universum nicht statisch sein kann (Friedmann 1924). (Bild 1)

Parallel zur Feststellung, dass das Universum nicht statisch sein kann, diskutierten Astronomen in den 1920er Jahren die Natur der galaktischen Spiralnebel in etwa zur selben Zeit, als Friedmann seine theoretischen Ausarbeitungen vorlegte. Klarheit über die Beschaffenheit von Spiralnebeln verschaffte das damals neue Mount-Wilson Teleskop bei Los Angeles mit einem Spiegeldurchmesser von 2,5 m, mit dessen Hilfe Edwin Hubble nachweisen konnte, dass der Andromeda-Nebel eine weitere Galaxie außerhalb unserer eigenen Galaxie, der Milchstraße, ist.

Er benutzte eine Methode zur Entfernungsmessung, deren Ergebnis die Andromeda-Galaxie weit außerhalb der Milchstraße positionierte. Diese Bestimmung geht weit über die Möglichkeiten der seit der Antike bekannten Parallaxenmessung hinaus. Sie beruht auf den besonderen physikalischen Eigenschaften gewisser veränderlicher Sterne. Diese Sterne, die nach ihrem ersten Fundort (im Sternbild Kepheus) als Cepheiden bezeichnet werden, zeichnen sich dadurch aus, dass ihre Helligkeiten mit jeweils spezifischen Zeitperioden schwanken. Die Helligkeitsschwankungen lassen sich physikalisch durch periodische Änderungen des Sternvolumens erklären. Besonders wichtig ist dabei, dass die Messung der Schwankungsperiode – analog zur Schwingungsperiode eines irdischen Federpendels – Rückschlüsse auf die Masse des Sterns zulässt. Mit der Masse kann man schließlich die für moderne Entfernungsmessungen unabdingbare *absolute* Leuchtkraft des Sterns ermitteln. Die Periodendauer der Helligkeitsschwankung und die absolute Leuchtkraft stehen somit in einer festen Beziehung zueinander. Von der emittierten Strahlung beobachtet man aber nur einen kleinen Teil. Die *beobachtete* Leuchtkraft ist nämlich umgekehrt proportional zum Quadrat der Entfernung, da die von der Leuchtquelle ausgehende Strahlung sich auf eine Kugeloberfläche verteilt, deren Radius die Entfernung von der Leuchtquelle ist.

Dadurch eignen sich Cepheiden zur Entfernungsermittlung. Anhand der im Teleskop beobachteten bzw. gemessenen Leuchtkraft kann man – vorausgesetzt der betreffende Stern ist ein Cepheide – die Entfernung des Sterns ermitteln, weil die absolute Helligkeit auf anderem Wege aus der Schwankungsperiode bestimmt wurde. Hubble gelang es, im Andromeda-Nebel mehrere Cepheiden auszumachen; so konnte er insgesamt deren Entfernung abschätzen. Andromedas Entfernung erwies sich als so groß, dass es sich hierbei unmöglich um einen Teil unserer Galaxie, nämlich der Milchstraße, handeln kann. Vielmehr stellt Andromeda eine eigene Galaxie mit einer unglaublichen Vielzahl von Sternen dar. (Bild 2)

Hubble vermaß daraufhin insgesamt 46 Galaxien und zeigte 1929, dass sich alle fernen Galaxien rasch von uns entfernen, und zwar umso schneller, je weiter sie entfernt sind und ganz gleich, in welche Richtung man blickt (Hubble 1929). Diese Beziehung ist als Hubblesches Gesetz bekannt: Geschwindigkeit v und Entfernung D sind einander proportional. Der Proportionalitätsfaktor H in der folgenden Gleichung wird heute als Hubble Parameter bezeichnet (früher „Hubble Konstante"):

$$v = H \cdot D$$

Die Tatsache, dass wir diese Bewegung der Galaxien in jeder Richtung beobachten, führt zu der Schlussfolgerung, dass wir diese Beobachtung auch an jedem anderen Punkt des Universums machen würden, also zum Beispiel von irgendeiner anderen Galaxie aus. Das Universum dehnt sich – so gesehen – in alle Richtungen aus.

Hierzu eine Illustration: Nimmt man einen Luftballon und zeichnet auf dessen Oberfläche in gleichen Abständen voneinander Punkte (Galaxien), so entfernen sich diese voneinander beim Aufblasen des Ballons. Wie es das Gesetz von Hubble beschreibt, entfernen sich die Galaxien umso schneller voneinander weg, je weiter sie auseinanderliegen, obwohl sich die einzelne Position einer Galaxie auf der Oberfläche nicht ändert. Dies gilt, um in dem

Bild zu bleiben, für jeden Punkt der Ballonoberfläche, keiner ist dabei ausgezeichnet. Der (in diesem Fall) zweidimensionale Raum selbst, d.h. die Oberfläche des Ballons, dehnt sich aus.

Bis hierher können wir also feststellen: Unabhängig von der Position im Universum und unabhängig von der Richtung sieht das Universum für jeden möglichen Betrachter gleich aus und expandiert, da der Raum selbst expandiert.

An dieser Stelle lassen sich noch vertiefende Aussagen zu der bereits früher erwähnten Homogenitätsforderung machen: Dass das Universum an jedem Ort gleich ist, insbesondere, dass es überall in etwa die gleiche Massenverteilung enthält, stellt Voraussetzung dar, die allerdings jedem irdischen Himmelbeobachter widerspruchsvoll erscheinen mag: An bestimmten Orten gibt es Galaxien, an anderen Orten wiederum nicht. Wie kann man da von einer gleichmäßigen Massenverteilung sprechen? Die Aufhebung des Widerspruchs gelingt durch die folgende Festlegung. Erst auf Längenskalen, die deutlich größer sind als die Abstände von Galaxien und Galaxienhaufen, muss die Homogenität erfüllt sein. Man kann diese Festlegung der Homogenität mit der Oberfläche eines Sandstrandes vergleichen. Aus der Ferne erscheint der Strand gleichmäßig und erst bei näherem Hinsehen entpuppt er sich als ungleichmäßig.

Zur Homogenität kommt noch eine für theoretische Berechnungen wichtige Eigenschaft des Universums hinzu, die durch Hubbles Messungen eindrucksvoll bestätigt wurde. Die Tatsache, dass wir diese Bewegung der Galaxien in *jeder Richtung* beobachten, führt zu der Vorstellung, dass wir diese Beobachtung auch an jedem anderen Punkt des Universums machen würden, also zum Beispiel von irgendeiner anderen Galaxie aus. Allgemein nennt man die Eigenschaft des Universums, in jeder Richtung die gleiche physikalische Beschaffenheit zu besitzen, Isotropie. Das Konzept eines Universums, das isotrop („in jeder Richtung gleich") und homogen („an jedem Ort gleich") ist, wird *kosmologisches Prinzip* genannt. Demnach ist unsere Position im Weltraum nicht ausgezeichnet und die Bewegung der Galaxien muss als eine Ausdehnung des Raumes selbst verstanden werden. (Bild 3)

Eine Konsequenz der Expansion des Universums ist, dass es nur eine endliche Zeit existieren konnte. In früheren Zeiten waren die Objekte sehr viel näher beieinander und vor etwa 14 Milliarden Jahren befanden sie sich alle an fast demselben Punkt und infolgedessen muss die Dichte des Universums praktisch unendlich gewesen sein. Hubbles Entdeckung führte also zur Vorstellung, dass zu einem „Anfangszeitpunkt" (Urknall) das Universum unendlich klein und unendlich dicht war. Einen solchen Zustand nennt man *Singularität*; die bekannten Naturgesetze verlieren dabei ihre Gültigkeit und es macht keinen Sinn, nach dem „Davor" zu fragen. Raum und Zeit beginnen mit dem Urknall.

Aussagen zum Beginn des Universums im Rahmen von physikalischen Theorien zu treffen, ist nur dann sinnvoll, wenn wir seinen Zustand im Rahmen der uns bekannten Naturgesetze beschreiben und Aussagen über beobachtbare Auswirkungen treffen können.

Robertson (1935, 1936a,b) und Walker (1936) beschrieben in ihren Arbeiten die Dynamik der Expansion des Universums basierend auf dem kosmologischen Prinzip der allgemeinen Relativitätstheorie und auf Arbeiten von Friedmann und Lemaitre. Diese Urknallmodelle sind nach den Anfangsbuchstaben der Namen der Beteiligten als FLRW-Modelle bekannt. Alle Beobachtungen im Universum auf großen Längenskalen (größer als Galaxienhaufen) lassen sich durch diese Modelle gut erklären.

Selbst für das Licht ergeben sich Konsequenzen. Bei der Expansion des Raumes werden Lichtwellen ebenfalls proportional gedehnt – die ausgesandte Wellenlänge eines sich durch die Raumdehnung entfernenden Objektes, wie etwa eine Galaxie, erscheint einem Beobachter somit ebenfalls gedehnt und damit langwelliger. Gleichzeitig verliert das Licht an Energie. Man spricht von einer Rotverschiebung, da rotes Licht langwelliger als blaues Licht ist. Misst man die Rotverschiebung des Lichtes von Objekten, deren Entfernung man durch andere Methoden bestimmen kann, so lässt sich daraus die Expansionsgeschwindigkeit des Universums ermitteln.

Eine weitere Klasse von Objekten, mit denen man Entfernungen im Weltraum misst, sind – neben den bereits erwähnten Cepheiden – die Supernovae; darunter versteht man thermonukleare Sternexplosionen. Sie zeigen für einen Zeitraum von Wochen eine sehr große Helligkeit. Supernovae des Typs Ia sind etwa 10^{10} mal heller als die Sonne, haben stets denselben Verlauf in ihrer Helligkeit, eine typische spektrale Signatur und eine absolute Leuchtkraft, die durch ihren bekannten Entstehungsmechanismus recht genau bekannt ist. Die absolute Leuchtkraft hat bei allen Supernovae Ia praktisch immer denselben Wert. Aufgrund ihres spektralen Fingerabdrucks lassen sie sich außerdem gut identifizieren. Damit eigen sich Supernovae vom Typ Ia ideal zur Entfernungsmessung auf größten Distanzen. Misst man die sichtbare Helligkeit einer Supernova, so kann man aus der bekannten absoluten Helligkeit ihre Entfernung bestimmen. Zusammen mit der Rotverschiebung des für Supernovae charakteristischen Lichtspektrums ergeben sich daraus Aussagen über die Expansion des Universums.

Mit Hilfe systematischer Himmelsdurchmusterungen konnten in den 1990er Jahren insgesamt 58 solcher Supernovae Ia beobachtet werden, die sich ein bis sechs Milliarden Lichtjahre von uns entfernt ereigneten. 1998 publizierten zwei Arbeitsgruppen (Riess 1998, Perlmutter 1999) unabhängig voneinander die Ergebnisse, aus denen hervorgeht, dass unser Universum beschleunigt expandiert. Das bedeutet, dass das Universum nicht nur expandiert, sondern dass die Rate, mit der es expandiert, größer wird. Eigentlich vermutete man eine sich verlangsamende Expansion und damit war das Ergebnis völlig unerwartet und wurde 2011 mit dem Nobelpreis in Physik bedacht.

Seither rätseln die Physiker, was als Grund für diese beschleunigte Ausdehnung des Universums in Frage kommt. Als treibende Kraft dieser Expansion wird eine Art von Energie verantwortlich gemacht, die man Dunkle Energie oder Vakuum-Energie nennt. Wir werden später darauf zurückkommen.

Der sichtbare Rand des Universums

Beim Test einer neuen empfindlichen Antenne für Mikrowellenstrahlung entdeckten 1964 die beiden Physiker Arno Penzias und Robert W. Wilson eine aus allen Richtungen über den gesamten Himmel gleich stark ankommende Mikrowellenstrahlung. Man nennt diese Strahlung die kosmische Hintergrundstrahlung (CMB = Cosmic Microwave Background). Sie entspricht der Strahlung eines im thermischen Gleichgewicht befindlichen sogenannten *schwarzen Körpers* mit einer Temperatur von 2,7 Grad Kelvin gemäß dem Planckschen Strahlungsgesetz. Welches physikalische Verständnis liegt diesem Strahlungsgesetz zugrunde?

Zur Beschreibung der Wechselwirkung zwischen Materie und elektromagnetischer Strahlung verwendet man das Modell einer idealisierten Strahlungsquelle, dem schwarzen Hohlraum-Körper. Er absorbiert alle auftreffende Strahlung gleich welcher Wellenlänge, also auch Licht, vollständig und heißt deshalb „schwarz". Gleichzeitig sendet er wieder Wärmestrahlung aus. Die an einer Stelle absorbierte Strahlungsenergie wird im thermodynamischen Gleichgewicht umverteilt und wieder abgestrahlt, denn sonst würde es an einer bestimmten Stelle im Hohlraum heißer, was aber nicht dem Gleichgewichtszustand entspräche. Sehr allgemein gehaltene thermodynamische Überlegungen zeigen, dass die von dem schwarzen Körper wieder emittierte Strahlung nur von seiner Temperatur abhängt.

Die spektrale Intensitätsverteilung ist folglich ein fundamentales Gesetz, das sich aus den Gesetzen der Wechselwirkung zwischen Materie und Strahlung sowie der statistischen mikroskopischen Bewegungen der Materie (Thermodynamik) herleiten lassen muss. Hierbei traten in der klassischen Physik enorme Schwierigkeiten auf. Max Planck beseitigte diese

Schwierigkeiten im Jahre 1900 und formulierte sein Strahlungsgesetz, indem er die klassische Wechselwirkung zwischen Materie und Strahlung aufgab und die Hypothese aufstellte, dass der Energieaustausch zwischen Materie und Strahlung nicht kontinuierlich, sondern in diskreten und unteilbaren Einheiten, den sogenannten Energiequanten, erfolgt. Die experimentelle Übereinstimmung sowie die Interpretation weiterer physikalischer Effekte, die mit der klassischen Theorie nicht erklärbar waren, begründeten die Quantenphysik.

Das Plancksche Strahlungsgesetz beschreibt, wie die von Materie ausgehende Strahlung im thermodynamischen Gleichgewicht aussieht: Alles an absorbierter Strahlung wird auch insgesamt wieder emittiert, aber über die verschiedenen Wellenlängen so verteilt, wie das Strahlungsgesetz es formuliert. Die von Penzias und Wilson entdeckte Mikrowellenstrahlung verhält sich exakt nach dem Planckschen Strahlungsgesetz. Die rückgerechnete Temperatur der Materie, welche die Strahlung emittiert, entspricht 2,7 Grad Kelvin. Diese Strahlung, die zunächst als störendes Hintergrundrauschen im Antennentest auffiel, wurde als aus allen Richtungen kommendes Signal aus dem Kosmos erfasst und von Robert Henry Dicke sofort als kosmische Schwarzkörperstrahlung und damit Folge des Urknalls interpretiert.

Warum aber erscheint dieser „Rand des Universums" mit 2,7 Grad Kelvin über dem absoluten Nullpunkt so kalt? Es wurde die Wellenlänge dieser Strahlung durch die Expansion des Raumes etwa um den Faktor 1000 gedehnt, so dass zum Zeitpunkt der Emission die Temperatur um diesen Faktor höher war, also etwa 3000 Grad Kelvin betrug. Dies entspricht der Temperatur auf der Oberfläche eines Sterns, der unserer Sonne ähnlich ist. Inwiefern die kosmische Hintergrundstrahlung als Relikt des Urknalls zustande kommt, wird im nächsten Kapitel besprochen; ihre Bedeutung für die Kosmologie ist nämlich herausragend.

Als Folge des Urknalls hatte der Physiker George Gamow eine solche Strahlung bereits 1940 vorhergesagt. Die Entdeckung der Hintergrundstrahlung war eine überwältigende Übereinstimmung mit der Urknallhypothese und mit dem kosmologischen Prinzip. Für diese Entdeckung erhielten Penzias und Wilson 1978 den Nobelpreis.

Liefert die kosmische Hintergrundstrahlung eine Informationsquelle über die Anfänge unseres Universums? Sie wurde jedenfalls in den Jahren 1989 bis 1993 durch den Satelliten COBE sehr exakt vermessen. Hierbei stellte sich heraus, dass es sich zwar um eine perfekte Schwarzkörperstrahlung handelt, es jedoch kleine Unregelmäßigkeiten gibt in der Größenordnung 1:100000. Diese kleinen Fluktuationen geben, wie wir sehen werden, Auskunft über die sehr frühe Phase des Universums.

Die heiße Anfangsphase – Strahlung ist alles

Bei einer Temperatur über 3000 Grad Kelvin, wie sie beim Entstehen der kosmischen Hintergrundstrahlung herrschte, besteht die Materie im Wesentlichen aus freien Elektronen und Protonen, die mit den Photonen (Lichtteilchen) permanent zusammenstoßen. Elektronen und Protonen besitzen eine elektrische Ladung, die mit dem elektromagnetischen Feld der Photonen wechselwirkt. So ein Zustand heißt Plasma. Die Materie befindet sich mit der Strahlung im thermischen Gleichgewicht. Das Universum ist in diesem Stadium so undurchsichtig wie unsere Sonne. Sinkt die Temperatur durch die Expansion aber weiter ab, dann bewirkt diese Abkühlung, dass sich die entgegengesetzt geladenen Elektronen und Protonen aneinanderbinden – man spricht von Rekombination der Elektronen und Protonen: Die negativ geladenen Elektronen werden von den positiv geladenen Atomkernen eingefangen, so dass Wasserstoffatome entstehen. Diese sind elektrisch neutral. Damit gibt es für die Photonen plötzlich keine Hindernisse mehr, das heißt sie streuen nicht mehr. Außerdem wird ihre Wellenlänge aufgrund der fortschreitenden Expansion des Raumes soweit rotverschoben, dass ihre Energie nicht mehr ausreicht, um die Atome zu spalten. Die Strahlung entkoppelt sich von der Materie. Das Universum wird transparent und die Photonen können sich ungehindert ausbreiten.
Die kosmische Hintergrundstrahlung besteht aus Photonen, die genau während dieses Übergangs entwichen sind. Seither bewegt sich diese Strahlung durch den expandierenden Raum und gelangt auch zu uns, allerdings mit stark rotverschobener Wellenlänge. Der Ort, von dem sie kommt, ist eine Sphäre, die den Rand des sichtbaren Universums darstellt. Man nennt sie deshalb auch den „Horizont der letzten Streuung". Dies geschah etwa 380.000 Jahre nach dem Urknall, als das Universum durch die Expansion soweit abgekühlt war, dass aus Elektronen und Protonen durch Rekombination Wasserstoffatome gebildet wurden. Hinter diesen Horizont können wir nicht sehen, weil das Universum dahinter undurchsichtig wird.
Da die Strahlung im thermischen Gleichgewicht mit der Materie entstanden ist, handelt es sich bei der kosmischen Hintergrundstrahlung um eine perfekte Schwarzkörperstrahlung.
Weitere erstaunliche Tatsachen lassen sich aber aus den gemessenen kleinen Schwankungen in der Hintergrundstrahlung ableiten. Diese wurden

zwischenzeitlich nach COBE mit einer weiteren Satellitenmission (WMAP 2001-2010) höchst präzise im Bereich zwischen 2,7251 Kelvin und 2,7249 Kelvin vermessen (Cyburt Fields Olive 2003). Wir erhalten Aufschluss über die sehr frühen Phasen nach dem Urknall, wodurch sich das Standardmodell mit erstaunlicher Genauigkeit bestätigen lässt. Die Genauigkeit der WMAP-Messungen steigerte die in den Jahren 2009-2013 nachfolgende Mission des Planck-Satelliten der ESA. Die Auswertung dieser Daten dauert derzeit noch an.

Die gemessenen Schwankungen sind zehntausendmal kleiner als der eigentlich gemessene Wert der Temperatur von 2,7 Grad Kelvin. Sie entsprechen Dichteschwankungen des sehr frühen Universums vor dem Zeitpunkt der Rekombination und wurden sozusagen bei der Expansion des Raumes „eingefroren", als die Photonen, die wir heute messen, entweichen konnten. (Bild 4)

Aus den damaligen Dichteunterschieden, gemessen durch die kleinen Temperaturunterschiede der Hintergrundstrahlung, lassen sich die wichtigsten Parameter des kosmologischen Standardmodells bestimmen oder eingrenzen:

1. Die Hubble Konstante als Maß für die Ausdehnungsgeschwindigkeit des Weltalls und das daraus folgende Alter des Universums von 13,8 Milliarden Jahren,
2. die Raumkrümmung, die praktisch nicht vorhanden ist,
3. der Anteil an baryonischer („normaler") Materie,
   (Das Verhältnis der Photonenanzahl zur Anzahl der Materieteilchen, also Protonen, Neutronen oder allgemein Baryonen im Universum beträgt etwa 10^9 zu 1. Das bedeutet, dass auf 1 Milliarde Photonen ein Proton – allgemein Baryon – kommt. Warum gibt es so viel mehr Photonen als Materieteilchen im Universum und wie sind diese entstanden? Auf diese berechtigte Frage gehen wir im nächsten Kapitel ein.)
4. der Anteil dunkler Materie und dunkler Energie (Hinshaw 2013).
   (Um vom CMB-Weltall, als das Weltall 380000 Jahre alt war, zum heutigen Bild des Weltalls rechnerisch zu gelangen, reicht die Masse des sichtbaren „Inventars" bei weitem nicht aus. Der Übergang vom CMB-Weltall zum heutigen Universum ist nur erklärbar, wenn man postuliert, dass es Dunkle Materie gibt, deren Bestandteile man bisher vergebens gesucht hat. Entsprechende Überlegungen gelten für die derzeit beschleunigte Expansion des Weltalls, die nur erklärbar wird, wenn man sogenannte Dunkle Energie voraussetzt. Diesem Thema widmen wir aufgrund seiner Aktualität einen eigenen Abschnitt.)

Gehen wir zunächst noch einmal zurück in die Zeit, bevor sich die Strahlung von der Materie entkoppelte. Dabei gelangen wir zum Zustand des im thermischen Gleichgewicht befindlichen Plasmas, das aus Elektronen, Protonen und Photonen bestand. In dieser frühen Phase entstanden die ersten zusammengesetzten Atomkerne. Die sogenannte Nukleosynthese, bei der die bereits vorhandenen Wasserstoffkerne (Protonen) zu größeren Kernen – hauptsächlich zu Heliumkernen mit zwei Protonen und zwei Neutronen – fusionierten, begann wenige Minuten nach dem Urknall im sehr heißen und dichten Plasma. Die Temperatur betrug dabei eine Milliarde Grad Kelvin; nur unter diesen Bedingungen kann es zu derartigen Kernfusionen kommen. Im Plasmazustand kollidierten die Atomkerne ständig mit leichteren Elementarteilchen wie Elektronen, Positronen und den Photonen. Durch die weitere Expansion, die tausende Jahre lang voranschritt, kühlte sich das Universum ab und bei einer Temperatur von ca. 3000 Grad Kelvin kam es dann zur bereits erklärten Atombildung durch Rekombination und der Entkopplung von Strahlung und Materie. Neben Wasserstoffatomen entstanden zu einem kleinen Teil auch Deuterium (Wasserstoffatome mit einem Proton und einem Neutron im Kern), Heliumatome sowie ein wenig Lithium. Alle schwereren Atomkerne, (wie z.B. Kohlenstoff, Sauerstoff etc.) entstanden aber erst in einer sehr viel späteren Phase durch Kernfusion in Sternen – insbesondere während einer Supernova-Explosion.

Die Theorie legt für die frühe Nukleosynthese der leichten Elemente ein Verhältnis von 75% Wasserstoff und 25% Helium nahe, was mit Beobachtungen der ältesten uns bekannten Sterne sehr gut übereinstimmt.

Die Baryogenese

Um den Anteil an Materie im Universum zu verstehen, gehen wir noch weiter zurück: zu Sekunden nach dem Urknall. Temperatur und Dichte der Materie und damit die Energiedichte des Universums sind enorm hoch. In diesem Plasma-Zustand befindet sich nun die uns heute bekannte Vielzahl von verschiedenen Elementarteilchen. Bei einer so hohen Energiedichte wandeln sich ständig Photonen in Materie-Antimaterie-Teilchenpaare um, welche sich anschließend wieder gegenseitig vernichten und hochenergetische Photonen freisetzen. Es entstehen Protonen und Antiprotonen, Elektronen und Positronen, Neutrinos und Antineutrinos und wahrscheinlich eine Reihe weiterer exotischer Materie-Antimaterie-Teilchenpaare. Bis zu einer Zeit von 10^{-3} Sekunden nach dem Urknall wurden gleichzeitig genauso viele Teilchenpaare erzeugt wie vernichtet. Durch die Raumexpansion verliert die

Strahlung aber an Energie, so dass aus Photonen keine Proton-Antiproton-Paare mehr gebildet werden können, d.h. die Energie von Photonen, die zusammenstoßen, ist stets kleiner als das Energieäquivalent der Summe beider Ruhemassen von Proton und Antiproton gemäß der Einstein Gleichung $E=mc^2$. Der umgekehrte Prozess, die Zerstrahlung von Materie und Antimaterie in Photonen, findet jedoch weiterhin statt. Wäre die Anzahl der Materie- und Antimaterieteilchen *exakt* gleich groß gewesen, hätten sie sich alle vernichtet und es wäre nur noch Strahlung in Form von Photonen übriggeblieben. Um die heutige vorhandene Menge an Materie zu erklären, muss es einen Überschuss an Materie gegenüber Antimaterie gegeben haben, und zwar in folgendem Verhältnis: auf eine Milliarde Materie-Antimaterie-Paare kommt gerade mal ein überschüssiges Materieteilchen, das überlebte. (Bild 5)

Entstehungs- und Vernichtungsprozesse zwischen Materie und Antimaterie werden heute routinemäßig an Teilchenbeschleunigern durch Teilchenkollisionen erzeugt und erforscht. Tatsächlich sind unter Laborbedingungen bisher keine Prozesse beobachtet worden, bei denen eine Asymmetrie in der Erzeugung von Materie gegenüber Antimaterie vorherrscht. Die Voraussetzungen für eine solche Asymmetrie wurden aber theoretisch von Andrei Sakharov (1967) und später unabhängig von Leonard Süsskind formuliert. Diese Bedingungen lassen sich mit dem Standardmodell der Teilchenphysik in Einklang bringen, einige treten aber in Energiebereichen auf, die an der Grenze zu den derzeit experimentell zugänglichen Methoden liegen. Deshalb ist dies aktuell ein Gegenstand intensiver theoretischer Forschung.

Der Energiebereich, der heute mit dem größten Beschleuniger, dem LHC des CERN in Genf erreicht wird, liegt derzeit bei 6,5 TeV und soll bis auf 14 TeV gesteigert werden. Dies entspricht etwa den Bedingungen, die 10^{-10} Sekunden nach dem Urknall herrschten, entsprechend einer Temperatur von 10^{17} Grad Kelvin. Alle uns bisher aus Experimenten bekannten Ergebnisse stützen das Standardmodell der Kosmologie.

Die inflationäre frühe Phase

Es gibt in der Natur drei fundamentale Konstanten: die Lichtgeschwindigkeit c, das Plancksche Wirkungsquantum h und die Gravitationskonstante G. Aus ihnen lassen sich eine fundamentale Länge, die Planck-Länge (etwa 10^{-35} Meter) und eine fundamentale Zeiteinheit, die Planckzeit (etwa 10^{-43} Sekunden) ableiten. Auf Skalen kleiner als die Planck-Länge oder die Planck-

Zeit gelten unsere derzeitigen physikalischen Theorien nicht mehr. Ein gewisser Bereich nach der Planck-Zeit – etwa 10^{-43} Sekunden bis etwa 10^{-30} Sekunden nach dem Urknall – entzieht sich derzeit einer experimentellen Überprüfung. Es wird aber unter diesen Bedingungen vermutet, dass alle bekannten Grundkräfte Gravitation, Elektromagnetismus, starke Kernkraft und schwache Kernwechselwirkung in einer Kraft vereinheitlicht sind. Man nennt diese Phase deshalb in der Kosmologie die GUT-Ära (GUT von Grand Unified Theorie). Es wird davon ausgegangen, dass sich das Universum in dieser sehr kurzen Zeit rapide um mindestens einen Faktor 10^{26} (!) ausgedehnt hat. Damit wäre das Universum aus einem „physikalischen Nichts" in kaum vorstellbarer Dynamik entstanden. Die Universumsgröße von einigen Zehnerpotenzen größer als die Planck-Länge (ein Proton hat etwa 10^{-13} cm) expandierte in der Zeit von 10^{-34} bis 10^{-32} Sekunden auf die Ausmaße eines Tennisballs von 10 Zentimeter, und zwar mit Überlichtgeschwindigkeit. Dies ist kein Widerspruch zur Relativitätstheorie, denn der Raum selbst dehnte sich so schnell aus. Das Modell der inflationären Expansion wurde 1980 von Alan H. Guth (Guth 1980) vorgeschlagen. Die Ursache dieser Expansion ist ein quantenphysikalischer Zustand des Vakuums mit einem negativen Druck, der nach der Allgemeinen Relativitätstheorie die Gravitation zu einer abstoßenden Kraft werden lässt. Das Vakuum, also ein Zustand in dem es „nichts" gibt, kann gemäß der Quantentheorie zunächst kein Zustand ohne Energie sein. Außerdem kann dieser Zustand nicht völlig statisch sein, sondern muss fluktuierend sein. Dies folgt aus der Heisenbergschen Unbestimmtheitsrelation. Durch die Inflation entlädt sich ein Teil dieser Vakuumenergie sozusagen in eine plötzliche und schlagartige Expansion. Weitere theoretische Überlegungen von Andrei Linde (Linde 1981), Alexander Vilenkin (Vilenkin 2010) und anderen gehen davon aus, dass sich dieser Mechanismus mehrfach ereignet haben könnte und man letztlich von einem fluktuierenden „Quantenschaum" ausgehen kann, in dem sich stets neue Universen bilden. Dieses Szenario der „Multiversen" ist aber höchst spekulativ und es ist völlig unklar, ob und wie man es je überprüfen könnte. In jedem Fall passt sich aber das inflationäre Modell ganz zwanglos in die Quantenfeldtheorie und die Friedmann-Gleichung der Dynamik des Universums ein. Die inflationäre Phase erklärt elegant einige Probleme, die sich in der Kosmologie ergeben hatten.

Die Homogenität des Kosmos (und insbesondere der Hintergrundstrahlung aufgrund des thermischen Gleichgewichts bei der Rekombination zu Atomen) lässt sich dadurch erklären, dass die schlagartige Aufblähung des Universums das Gleichgewicht wechselwirkender Gebiete auf große Skalen übertragen konnte. Das heute sichtbare Universum enthält deshalb auf großen Skalen überall dieselbe Struktur. Die sehr geringe (beobachtete) Raumkrümmung bleibt ebenfalls nicht ohne Begründung, denn die Flachheit des Raumes ist als Folge seiner ungeheuren Ausmaße zu verstehen, von denen das heute sichtbare Universum nur einen winzigen Ausschnitt repräsentiert. Auch die Tatsache, dass sich keine magnetischen Monopole beobachten lassen, obwohl derartige Elementarteilchen bereits 1931 von Paul A. Dirac postuliert wurden, lässt sich kosmologisch erklären, denn deren Teilchenzahldichte hätte während einer Inflation gemäß den theoretischen Berechnungen derart abgenommen, dass sie heute praktisch nicht mehr zu finden sind. Schließlich erklärt die Inflation auch die Dichtefluktuationen, aus denen die Galaxien und Galaxienhaufen hervorgegangen sind: Die winzigen Quantenfluktuationen vor der Inflation wurden blitzschnell auf entsprechende makroskopische Skalengrößen aufgebläht und legten auf diese Weise die räumliche Verteilung der Galaxien fest

Die inflationäre Expansion ist heute in der Fachwelt allgemein akzeptiert. Die Natur der Teilchen bzw. Felder, die den erforderlichen Vakuumzustand verursacht haben könnten, sind allerdings noch völlig ungeklärt. Hier gibt es aber den Zusammenhang zur postulierten Dunklen Energie, die als Grund für die gemessene beschleunigte Expansion des Universums angesehen wird. Das Vorhandensein von Dunkler Energie mit negativem Druck ist ein physikalischer Effekt, der dem der eigentlichen Inflation in der Frühzeit des Universums verwandt ist.

Dunkle Materie und Dunkle Energie

Der Begriff „Dunkle Energie" wurde eingeführt, um die beschleunigte Expansion des Universums zu erklären. Sie entspricht der kosmologischen Konstanten in Einsteins Feldgleichungen. Die Natur der Dunklen Energie ist nicht geklärt. Die gängigste Erklärung bringt sie mit Vakuumfluktuationen in Verbindung. Das bedeutet, dass das Vakuum (landläufig: „Nichts") aufgrund der Quanteneigenschaften der Natur eine von Null verschiedene Energie hat, die Wechselwirkungen hervorruft. Sie erzeugt gemäß den Einsteinschen Gleichungen einen negativen Druck, der den Raum expandieren lässt.

Die Dunkle Energie ist von der Dunklen Materie zu unterscheiden. Bereits in den 1930 Jahren postulierte Fritz Zwicky die Existenz unsichtbarer Materie, um die Stabilität von Galaxienhaufen zu erklären. Dunkle Materie ist nicht direkt sichtbar, erzeugt aber eine messbare Gravitationswirkung. Aus Messungen der Geschwindigkeiten, mit der sichtbare Sterne das Zentrum einer Spiralgalaxie umkreisen (Roberts Whitehurst 1975), ergab sich indirekt,

dass es einen Halo aus Dunkler Materie geben muss, der die Galaxien umhüllt und so die gemessenen Geschwindigkeiten erklärt. Nach dem Gravitationsgesetz müsste die Umlaufgeschwindigkeit in den äußeren Bereichen von Galaxien abnehmen, da die (sichtbare) Materie innen konzentriert ist. Inzwischen wurden mehr als 1100 Spiralgalaxien vermessen. Messungen der Doppler-Verschiebung zeigen, dass die Geschwindigkeit umlaufender Sterne konstant bleibt oder sogar ansteigt. Es muss dort also Masse geben, die nicht sichtbar ist, weil sie Licht weder absorbiert noch emittiert, deren gravitierende Wirkung aber die Beobachtungen stützt.
Auch andere Gravitationswechselwirkungen, wie die Ablenkung von Licht durch Masse, sogenannte Gravitationslinsen, deuten auf die Dunkle Materie hin. (Kneib, Ellis, Santos, Richard 2004).
Galaxien und Galaxienhaufen müssen also zu einem Großteil aus Dunkler Materie bestehen, die elektrisch neutral ist. Sie muss darüber hinaus entweder stabil sein oder eine Lebensdauer besitzen, die nicht weit unterhalb des Alters unseres Universums liegen kann. Mit einer kürzeren Lebensdauer wäre ein Großteil der Dunklen Materie heute bereits zerfallen. Unter den bekannten Teilchen des Standardmodells der Elementarteilchenphysik besitzen nur die Neutrinos die Grundeigenschaften der Dunklen Materie: Sie sind stabil, elektrisch neutral und unterliegen allein der schwachen Kraft und der Gravitation. Es wurde erst vor wenigen Jahren nachgewiesen, dass Neutrinos eine – wenn auch kleine – Masse besitzen. Allerdings ist diese zu klein, um die Bildung und die Existenz der beobachteten Strukturen in unserem Universum zu verstehen. Im Standardmodell der Elementarteilchenphysik existiert kein Teilchen, das die Dunkle Materie in Übereinstimmung mit den Beobachtungen erklären kann.
Der Dunklen Materie kommt eine wichtige Rolle bei der Ausbildung der Strukturen im Universum zu. Eine internationale Gruppe von Astrophysikern stellte 2005 die „Milleniums-Simulation" (Springel 2005) vor, welche die Entwicklungsgeschichte von etwa 20 Millionen Galaxien im Computer rekonstruiert, sowie die Entstehung von superschweren Schwarzen Löchern nachbildet, die gelegentlich als Quasare in ihren Zentren aufleuchten. Die Simulation beginnt 397.000 Jahre nach dem Urknall, als die kosmische Hintergrundstrahlung emittiert wurde. Deren Schwankungen sind der Ausgangspunkt für die Strukturbildung, und mithilfe der physikalischen Gesetze wurde die Entwicklung der räumlichen Materieverteilung simuliert. Hierbei ist der Einfluss der Dunklen Materie von entscheidender Bedeutung. Anfängliche Dichtschwankungen des frühen Universums verstärken sich. Es entsteht eine klumpige Struktur. Am Ende ergeben sich schwammartige großräumige Strukturen mit der Bildung von Galaxien und Galaxienhaufen.

Mit Millennium II, 2009 und Millennium XXL, 2010 wurden weitere noch aufwändigere Simulationen durchgeführt, die im Ergebnis die Struktur des uns sichtbaren Universums widerspiegeln.

Insgesamt besteht unser Universum aus 4,9% sichtbarer Materie, 26,8% Dunkelmaterie und zu 68,3% aus Dunkler Energie (Planck 2015 results). Das Standardmodell der Kosmologie beschreibt ein heute flaches Universum ohne Raumkrümmung, das mit einer inflationären gewaltigen Expansion in der Ursprungsphase vor etwa 13,8 Milliarden Jahren beim Urknall entstand, bei dem Materie, Raum und Zeit erzeugt wurden. Die sichtbare Materie, aus der alle uns bekannten Objekte, Sterne, Galaxien und wir selbst bestehen, ist dabei nur die dritthäufigste Materie-Energie-Komponente. Das kosmologische Urknallmodell hat sich hervorragend bewährt und ermöglicht eine konsistente Beschreibung der Entwicklung des Universums ab einem Bruchteil einer Sekunde bis heute. Ein Hauptproblem ist die Natur der Dunklen Materie und die Erklärung der Dunklen Energie.

Vor allem die Experimente am CERN werden die Suche nach unbekannten Teilchen und nach Dunkler Materie fortsetzen. Diese anderen Formen der Materie sind eines der größten Rätsel. Seine Lösung kann mit einer bisher noch nicht nachgewiesenen fundamentalen Raumzeit-Symmetrie verknüpft sein: der Supersymmetrie zwischen den Materieteilchen und den die Kräfte vermittelnden Austauschteilchen (Drees, Godbole, Roy 2004, Yao 2006). So kann die fortgesetzte Suche nach den kleinsten Bausteinen zum Schlüssel für das Verständnis unseres Universums werden. Es bleibt spannend. (Bild 6)

Bild 1: Pioniere des heutigen kosmologischen Weltbildes: Albert Einstein entwickelte eine passende Theorie von Raum und Zeit und Alexander Friedmann zeigte, dass ein Universum, welches auf Einsteins Theorie beruht, nicht statisch sein kann.

Bild 2: Milchstraße und Andromeda. Jede solche Galaxie enthält mehr als 100 Milliarden Sterne. Dass sich Andromeda und unsere Galaxis aufeinander zubewegen, um in etwa vier Milliarden Jahren zu einer größeren Galaxie zu ‚verschmelzen', widerspricht nicht dem Hubble-Gesetz wonach sich Galaxien und Galaxienhaufen – wohlgemerkt auf hinreichend großen Skalen – voneinander wegbewegen.
(https://upload.wikimedia.org/wikipedia/commons/6/60/ESO_-_Milky_Way.jpg; https://commons.wikimedia.org/wiki/File:Andromeda_Galaxy_(with_h-alpha).jpg#/media/File:Andromeda_Galaxy_(with_h-alpha).jpg)

Bild 3: Hubble Ultra Deep Field (2006). Dieses Bild wurde im Weltraum mehrere Wochen lang belichtet. Dabei wurde eine Richtung gewählt, die mit irdischen Teleskopen lediglich einen schwarzen Raumbereich liefert. Die Anzahl aller Galaxien des für uns sichtbaren Universums wird aufgrund solcher Aufnahmen unter der Annahme der Homogenität auf knapp 100 Milliarden Galaxien geschätzt. Im sichtbaren Universum gibt es also insgesamt 100 Milliarden mal 100 Milliarden Sterne.
(https://commons.wikimedia.org/wiki/File:Hubble_ultra_deep_field.jpg#/media/File:Hubble_ultra_deep_field.jpg)

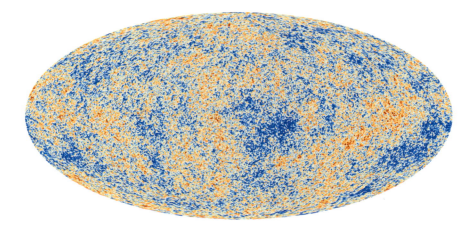

Bild 4: Aktuelle Darstellung der kosmischen Hintergrundstrahlung (Planck CMB), 21.03.2013 © ESA and the Planck Collaboration

Bild 5: Winziger Materieüberschuss in einem riesigen Reservoir von Materie- bzw. Antimaterie-Teilchen. Der durch ein einziges Sandkorn repräsentierte Materieüberschuss sorgte dafür, dass das Inventar des Weltalls heute nicht lediglich aus Strahlung besteht. Fotos: A. Preuß (Ausstellung 2012 zum Thema LHC an der Univ. Tübingen)

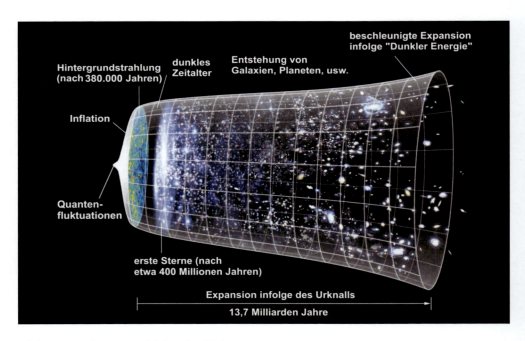

Bild 6: Entstehungsgeschichte des Universums
https://de.wikipedia.org/wiki/Datei:Expansion_des_Universums.png

Literatur

Cyburt, R. H., Fields, B. D., Olive, K. A. (2003): Primordial nucleosynthesis in light of WMAP. Phys. Letters B 567, 227-234

Drees, M., Godbole, R., Roy, P. (2004): Theory and Phenomenology of Sparticles. World Scientific, Hackensack/USA

Einstein, A. (1917): Kosmologische Betrachtungen zur allgemeinen Relativitätstheorie. Sitzungsber. Preuss. Akad. Wiss. Berlin, 142-152

Friedmann, A. (1922): Über die Krümmung des Raumes. Zeitschrift für Physik 10, 377-386

Friedmann, A. (1924): Über die Möglichkeiten einer Welt mit konstanter negativer Krümmung des Raumes. Zeitschrift für Physik 21, 326-332

Guth, A. H. (1980): The inflationary universe: A possible solution to the horizon and flatness problems. Phys. Rev. D23, 347-356

Hinshaw, G. F., et. al. (2013): Nine-Year Wilkinson Microwave Anisotropy Probe (WMAP) Observations: Cosmology Results. ApJS. 208, 19H

Hubble, E. P. (1929): A relation between distance and radial velocity among extra-galactic nebulae. Proc. Nat. Acad. Sci. 15, 168-173

Kneib, J.-P., Ellis, R. S., Santos, M. R., Richard, J. (2004): A Probable z~7 Galaxy Strongly Lensed by the Rich Cluster A2218: Exploring the Dark Ages. Astrophys. J. 607/2, 697–703.

Linde, A. D. (1981): A new inflationary scenario: A possible solution to the horizon, flatness, homogeneity, isotropy and primordial monopole problems. Phys. Lett. B108, 389-393

Perlmutter, S., et al. (1999): Measurement of Ω and Λ from 42 high-redshift supernovae. Astrophys. J. 517, 565-586

Planck 2015 results I – Overview of products and scientific results. Astronomy & Astrophysics manuscript no. PlanckMission2014, arXivc ESO 2015, 6.2.2015

Riess, A. G., et al. (1998): Observational evidence from supernovae for an accelerating universe and a cosmological constant. Astron. J. 116, 1009-1038

Roberts, M. S., Whitehurst, R. N. (1975): The rotation curve and geometry of M31 at large galactocentric distances. Astrophys. J. 201, 327–346

Robertson, H. P. (1935): Kinematics and world structure. Astrophys. J. 82, 284-301

Robertson, H. P. (1936a): Kinematics and world structure II. Astrophys. J. 83, 187-201

Robertson, H. P. (1936b): Kinematics and world structure III. Astrophys. J. 83, 257-271

Sakharov, A. D. (1967): Violation of CP invariance, C asymmetry, and baryon asymmetry of the universe. J. of Experimental and Theoretical Physics 5, 24–27

Sato, K. (1981): First order phase transition of a vacuum and expansion of the Universe. MNRAS 195, 467-479

Springel, V., et. al. (2005): Simulations of the formation, evolution and clustering of galaxies and quasars. Nature 435, 629

Starobinsky, A. (1980): A new type of isotropic cosmological models without singularity. Phys. Lett. B91, 99-102

Vilenkin, A. (2010): Kosmische Doppelgänger – Wie es zum Urknall kam, wie unzählige Universen entstehen. 2. Aufl., Spektrum, Heidelberg

Walker, A. G. (1936): On the Milne's theory of world-structure. Proc. Lond. Math. Soc. 2/42, 90-127

Yao, W. M., et al. [Particle Data Group] (2006): Review of particle physics. J. of Physics G 33, 1

Achim Preuß
Frühgriechische Naturphilosophen und die Ordnung (kosmos) des Himmels

Einleitung

„Vom Mythos zum Logos" – so lautet ein bekanntes Schlagwort über die Zeit der Vorsokratik. Damit soll zum Ausdruck gebracht werden, dass sich die Griechen des 7. vorchristlichen Jahrhunderts – weit vor Platons und Sokrates' Zeit – auf den Weg machten, ihre Kenntnisse nicht mehr auf mythische Überlieferung sondern auf das Denken zu gründen. Der Begriff „vorsokratische" Philosophie ist jedoch in sich widersprüchlich, denn einige späte Vertreter jener Epoche – beispielsweise der Atomist Demokrit – lebten zeitgleich mit Sokrates. Auch wenn es das Genre ‚Philosophie' streng genommen noch gar nicht gab, so lässt sich durchaus ein roter Faden finden, der es erlaubt, jene sogenannten „Vorsokratiker" als frühe Naturphilosophen zusammenzufassen. Dabei spielt aber immer noch auch der Mythos auf spezifische Weise eine Rolle. Bloße logische Untersuchungen können noch nicht im Blickfeld der Vorsokratiker liegen, zumal die Logik als Disziplin erst mit dem Platonschüler Aristoteles ihren Siegeszug antritt. Die Vorsokratik verwendet eine Vielfalt von Methoden und Ausdrucksformen – manche Texte sind in Prosa (Heraklit, Demokrit) geschrieben, andere wiederum in Form eines Lehrgedichts (Parmenides, Empedokles); über manche Forscher existieren nur noch Referate aus zweiter Hand, aber nicht ein einziges originales Textfragment (Thales, Anaximenes, Pythagoras), von Anaximander gibt es nur ein einziges, aber sehr berühmtes Zitatfragment, dagegen füllen die bis heute erhaltenen Originalfragmente von Heraklit, Empedokles oder Demokrit bereits ein kleines Büchlein.
Der zentrale Leitbegriff der Vorsokratiker ist natürlich nicht mehr der Mythos, aber auch nicht unbedingt der Logos; vielmehr ist allen diesen Forschern gemeinsam, dass sie auf vielfältige Weise der Ordnung (kosmos) in der Welt nachspüren wollen. Das griechische Wort kosmos, welches heute als Synonym für das Weltall bzw. Universum verwendet wird, bedeutet im ursprünglichen Sinne ‚Ordnung'. Schon früh wurde das Wort im Kriegswesen

verwendet und heißt dort so viel wie Schlachtordnung bzw. -aufstellung. In klassischer und spätantiker Zeit kam eine weitere Wortbedeutung hinzu, von der das Wort ‚Kosmetik' hergeleitet werden kann: mit kosmos kann auch ‚Schmuck' gemeint sein. Die frühgriechischen Vorsokratiker interessierten sich in ihren Forschungen also primär nicht für die Schönheit, sondern vor allem für die Ordnung des Weltalls.

Um den griechischen Weg auf der Suche nach Ordnung nachzuvollziehen, ist es durchaus sinnvoll, mit dem Dichter Hesiod zu beginnen, der noch weitgehend im Mythos verankert war, dessen Suche nach Ordnung aber ein wichtiges Bindeglied zwischen der orientalischen Tradition und dem neuartigen griechischen Denken darstellt. Wenn wir in Hesiods Theogonie lesen, dass die Welt aus dem Chaos entstand und dass unter gegenseitiger Ablösung verschiedenster Göttergenerationen das Geschlecht der Menschen irgendwann das Licht der Welt erblickte, dann wird hier auf den ersten Blick doch eher das Erzählen einer blutrünstigen Geschichte und nicht die Suche nach einer passenden Beschreibung der Weltordnung betrieben. Aber im Kontext zu außergriechischen Quellen lässt sich seine Suche nach Ordnung besser erkennen. Hesiod hat ganz offensichtlich aus östlichen Kulturkreisen stammende Stoffe neu zusammengestellt; die Einbeziehung orientalischer Quellen sind an manchen Stellen noch deutlich sichtbar, zum Beispiel im sogenannten ‚Verstümmelungsmythos', in dem beschrieben wird, wie der Titan Kronos durch Anstiftung seiner Mutter Gaia seinem Vater Uranos die Scham abschneidet. Diese markante Begebenheit wird in ähnlicher Weise auf der hethitischen Kumarbi-Tafel und in anderen orientalischen Quellen beschrieben, welche jedoch wesentlich älter sind als Hesiods Theogonie. Welche Aspekte deuten nun aber darauf hin, dass Hesiod mit Hilfe der Kenntnisse benachbarter Kulturkreise bereits auf das Ziel hingearbeitet hat, den Grundstein bei der Suche nach einer Weltordnung zu legen? Hesiod entwirft seine Theogonie nach einem formal bedeutsamen Muster: Er beginnt bei der Entstehung der Erde (Gaia) und des Gottes Eros aus dem Chaos, beschreibt weiter, wie das Chaos die Finsternis und die Nacht (Erebos, Nyx) und die Nacht den Tag (Aither, Hemera) hervorbringt; dann geht er nach der Zeugung des Himmels durch Gaia sukzessive weiter zu den Titanen und zu vielen anderen Göttergeschlechtern. Heraklit von Ephesos wird sich später sehr kritisch mit Hesiod beschäftigen, denn er lehnt es ab, dass ein Gegensatzteil durch das andere erzeugt wird, dass also beispielsweise die Nacht den Tag hervorbringt (DK 22 B 57); er sieht in Gegensätzen vielmehr eine Einheit, die ihrerseits keiner zeitlichen Abfolge mehr unterworfen ist. Trotzdem ist zu betonen: Hesiod bringt dank der von ihm vorgenommen zeitlichen Abfolge eine Ordnung in die Mythologie. Die Vorbilder dieser Art von Ordnung sind sehr typisch für die Anfänge der Wissenschaft in Ägypten und Mesopotamien, wo man sich stark an zeitlichen Rhythmen orientierte. Als Vorbild zur Erforschung solcher Rhythmen mögen die jahreszeitlichen Schwankungen der für das damalige Gemeinwesen so wichtigen Ströme Nil oder Euphrat und Tigris gedient haben. Schnell lernte man weitere Rhythmen wie zum Beispiel die komplexen Zyklen der Mond- und Sonnenfinsternisse. Die ausgeklügelte Kenntnis dieser zeitlichen Rhythmen darf nicht als Beschränkung angesehen werden. Die Ermittlung einer zeitlichen Abfolge genügte zwar den damaligen Gelehrten in den orientalischen Regionen, sie suchten nicht weiter nach einer tiefer gehenden Erklärung. Das hängt aber damit zusammen, dass ihre Form der Wissensorganisation schlicht und einfach die aufzählende ‚Liste' war (vgl. etwa Brunner-Traut 1990: 139).

Wenn Zeitrhythmus aus heutiger und sicher auch aus der Perspektive hellenistischer Wissenschaft als unzureichender Erklärungsgrund angesehen werden muss, so gilt es, auch die Erfolge dieser Methode zu sehen und zu akzeptieren, dass das, was wir im weitesten Sinne als ‚Wissenschaft' bezeichnen können, auf diesem Weg begonnen hat. In einem wissenschaftshistorischen Zusammenhang hat der polnische Mathematiker Marek Kordos das Wesen der orientalischen Vorgehensweise folgendermaßen beschrieben:

„Die größte Schwierigkeit bereitet uns das Eingeständnis, dass es Wissen geben kann, das sich nicht auf den Kausalitätsbegriff stützt, ja diesen nicht einmal kennt […]. Schwer zu verstehen ist auch, dass die reine zeitliche Abfolge – eine grundlegende Kategorie der empiristischen Methodologie – etwas ganz anderes ist als verkappte Kausalität. Es ist für uns auch schwer, sich mit der Tatsache abzufinden, dass Wissen nicht in Form von Lehrsätzen und Gesetzen organisiert sein muss, sondern eine Sammlung von Riten sein kann, die das richtige Verhalten in verschiedenen Lebenslagen im Einzelnen vorschreiben." (Kordos 1999: 27)

Kordos illustriert seine Thesen mit einem Beispiel: Angenommen, im alten Ägypten hätte sich eine Provinz als aufsässig erwiesen. Im Gegenzug würden nun in diesen Landstrich keine Priester mehr entsandt, welche im Frühling die Aussaat-Zeremonie vornehmen könnten. Die rituelle Zeremonie würde notgedrungen von Lokalgrößen abgehalten. Obwohl eine den Priester-Riten sehr ähnliche Zeremonie stattfand, fällt unerklärlicherweise die Ernte mager aus und die abtrünnige Provinz wendet sich am Ende doch wieder flehentlich an die Zentrale. Wie konnte es dazu kommen? Die über Jahrhunderte immer weiter verfeinerte Zeremonie der ägyptischen Priester war zwar langwierig und undurchsichtig, aber ihr Ablauf enthielt – neben vielen eventuell unspezifischen Prozeduren – sicher alle für den erfolgreichen Ackerbau

notwendigen Elemente. Einem Laien war es nicht möglich, dieses rituelle Wissen anzuwenden, wohingegen die ägyptischen Priester durch jahrelanges Einüben eine lückenlose Kenntnis des Ritus erworben hatten. Die Orientierung innerhalb zeitlicher Abläufe ist von jeher ein wesentliches Kriterium, wenn es darum geht, die Prozesse in einer Zivilisation zu regeln und zu koordinieren. Händler und andere Reisende orientierten sich eher an zeitlichen als an räumlichen Anhaltspunkten, zumal damalige Handelsrouten zu Lande seit Menschengedenken erschlossen waren – dies ist in Redewendungen wie „eine halbe Tagesreise" heute noch lebendig. Die Zeit existierte als abstrakte Größe zwar noch nicht im Bewusstsein der damaligen Menschen, sie kam aber immer dann implizit zum Ausdruck, wenn es darum ging, die Abfolge von Handlungen – sozusagen als Rezepte bzw. Riten – anzugeben. Diese Abfolge legte einen ersten vorwissenschaftlichen Zeitbegriff fest, nämlich die sogenannte „Handlungszeit". Daneben wurde aber auch bereits nach objektiven Kriterien für Zeit gesucht: Hierfür gibt es Tage Monate, Jahre und schließlich – zur Orientierung in noch längeren Zeiträumen – die Regentschaftslisten der Könige bzw. Pharaonen; sie haben formal betrachtet den gleichen Charakter wie die jeweils herrschenden Göttergenerationen in Hesiods Theogonie. Nicht nur in Bezug auf die Orientierung in der damaligen Welt waren Regentschaftslisten von großer Bedeutung, sie legitimierten vielmehr auch die Herrschaft des jeweils aktuellen Königs oder Pharaos, denn er stellte sich damit in eine Reihe mit anerkannten Regenten aus früheren Zeiten. Hesiod geht letztlich in exakt der gleichen Weise vor, wenn er den Gott Zeus als Abkömmling früher entstandener Göttergenerationen darstellt, um damit dessen aktualen Herrschaftsanspruch zu legitimieren. Nebenbei dient diese sogenannte genealogische Sukzession aber auch als Repräsentant einer objektiven Zeitvorstellung, weil die Dokumentation aufeinanderfolgender Regentschaften eine – für jedes Individuum im Gemeinwesen gültige – Zeitordnung vorgibt. Die genealogische Sukzession ist als Weiterentwicklung der bloßen Genealogie zu verstehen, die – noch ohne Einbettung in einen zeitlichen Rhythmus – lediglich die Abstammung angibt.
Der Altphilologe Markus Janka hat außerdem überzeugend nachgewiesen, dass sich Hesiods Text wesentlich vielschichtiger gestaltet und damit insgesamt über die Beschreibung einer zeitlichen Abfolge von Ereignissen noch weiter hinausgeht. Die Theogonie bietet mehr, da sie den Leser in homerischer Erzählweise auch an den Motiven und Hintergründen der Protagonisten teilhaben lässt. Im Gegensatz zu Homers heroischer Ethik leistet die Theogonie einen zwiespältigen Rückblick in eine noch grausamere Zeit. Nach Janka lässt Hesiod darin eine Mythenkritik anklingen:

„Durch die sachliche und darstellerische Rückprojektion von Konfliktszenen aus der heroischen Welt des homerischen Epos in den Kosmos der dei maligni der Urzeit scheint mir Hesiod implizit auf das epistemisch und moralisch Prekäre seines Weltentstehungsgedichts zu verweisen." (Janka 2005: 62)

Hesiod war also in mehrfacher Hinsicht daran interessiert, nachvollziehbare Erklärungsmomente bei den Griechen einzuführen – noch deutlicher als bei Homer lässt sich dabei feststellen, dass Hesiod sowohl inhaltlich als auch formal aus den Errungenschaften anderer Kulturen schöpfte. Auch seine zweite Schrift „Werke und Tage" mag die These über die Wurzeln der Hesiodschen Theogonie belegen, geht es doch dort noch konkreter um die Beobachtung objektiver Zeitfolgen am Himmel und ihre praktische Anwendung beim Ackerbau oder in der Seefahrt.

Wenn wir nun zu den ersten anerkannten Naturforschern der Griechen übergehen, so werden wir sehen, das das Interesse an zeitlichen Ordnungsmustern zwar bestehen bleibt, aber mehr und mehr im Hinblick auf dessen räumlicher Bedeutung hinterfragt wird. Mit anderen Worten: Zur möglichst genauen Erfassung von Zeiträumen wie Tagen, Monaten und Jahren, kommt das Interesse hinzu, diese Zeiträume aus der räumlichen Anordnung von Erde, Mond, Sonne und weiteren Himmelskörpern abzuleiten. Neben dem durchaus korrekten Aufzählen einer Liste treten dadurch neue fruchtbare Methoden für die Wissenschaft in den Vordergrund.

Thales, Anaximander und Anaximenes: räumliche und zeitliche Analogien als Erklärungsgrund

Kommen wir nun zuerst zu Thales von Milet, welcher – so teilt es uns die aristotelisch geprägte Überlieferung mit – der erste griechische Naturphilosoph war. Nach einem Zeugnis des Aristoteles entwickelte Thales mit der Analogie des „im Wasser schwimmenden Holzes" eine nachvollziehbare Vorstellung für die als weitgehend flach erachtete und weithin von Wasser umgebene Erde. Der Gräzist Walter Burkert betont hier, dass diese Vorstellung „ihr Gegenstück nicht bei Hesiod und Homer" habe „wohl aber in einem akkadischen Text und auch in der Bibel" (Burkert 2003: 72). Detlev Fehling geht noch einen Schritt weiter, nämlich zu der Feststellung, dass unter Einbeziehung zeitlich nahestehender Texte die aristotelisch geprägte Überlieferung vom Monisten Thales, der alleinig das Wasser zum Prinzip erhebt, hinfällig wird. Damals waren Wasser und Erde diejenigen Stoffe, um die es bei der Suche nach Gründen für die Entstehung und für das Sosein der Welt ging – Fehling gelingt es, dies anhand vieler Textstellen eindrücklich zu belegen (vgl. Fehling 1994: 18-33). Die Reduktion auf das Wasser stellt insofern eine aristotelisch geprägte Kategorisierung dar, die wohl vorgenommen wurde, um eigene Lehren – beispielsweise die der prima materia – in eine ehrwürdige Tradition zu stellen. Für das Geschehen am Himmel gibt es keine gesicherten Aussagen von Thales. Nach einem spätantiken Bericht habe Thales die Bewegung der Sterne durch die Bewegung des ‚Holzes' auf dem Wasser zurückgeführt. Jener Bericht des Hyppolytos von Rom wurde aber erst 1000 Jahre nach Thales verfasst. Thales' unmittelbarer Nachfolger Anaximander stellt für das Geschehen am Himmel die Analogie von schräg im Kreis drehenden Rädern mit einer zylinderförmigen Erde in der Mitte auf – der Analogie folgend ist die Erde gewissermaßen die Radnabe (Abb. 1). Damit wollte er die sichtbaren Drehbewegungen der Himmelskörper erklären; außerdem sollten mit Hilfe von verschließbaren Feuerauslassöffnungen in den Radfelgen Sonnen- und Mondfinsternisse, sowie die Mondphasen modellhaft erklärt werden. Weil die Welt im Großen nicht greifbar ist, aber viele ihrer Phänomene dennoch sichtbar sind, wird in dieser Weise auf fassbare Alltagsgegenstände Bezug genommen, die sich dann an den Phänomenen als adäquate bildhafte Vergleiche bewähren müssen.

Interessant ist hierbei, dass Anaximander die Erde als Zylinder betrachtet, dessen Durchmesser dreimal so groß ist wie seine Höhe. Weiter ist bemerkenswert, wie Anaximander die Himmelskörper ihren Entfernungen zur Erde entsprechend anordnet. Die Sterne liegen am nächsten bei der Erde. Für die Entfernungsverhältnisse gibt er an, das Himmelsrad der Sterne sei 9-mal so weit entfernt, wie die Erde breit ist; der Mond 18-mal und schließlich die Sonne 27-mal so weit entfernt. Wie beim Bauplan eines Tempels sind nicht so sehr die absoluten Maße von Länge, Breite und Höhe ausschlaggebend, vielmehr sind in den Verhältnissen ihrer Maße die ganzen Proportionen verschlüsselt. Mit anderen Worten: Hat man beim Beginn eines Bauwerks ein einziges Grundmaß abgesteckt (z. B. den Abstand zwischen zwei Säulen), dann ergibt sich alles Weitere aus der Anwendung der Proportionen.

Der Philosoph Jonathan Barnes weist zu Recht darauf hin, dass einige Analogien nur rhetorisch gemeint sind, also lediglich eine bildhafte Ausschmückung für einen anderweitig vollständig erklärten Sachverhalt darstellen (Barnes 1982: 53f). So wird beispielsweise berichtet, dass sich für Anaximenes, den Nachfolger von Anaximander, „das Weltall drehe – wie ein Mühlrad" (DK 13 A12); alles Wesentliche ist hier bereits ohne das Bild des Mühlrades gesagt. Es gibt aber viele Analogien, die mehr sind als eine bildhafte Ausschmückung. Wenn sich – wieder nach Anaximenes – die Sterne drehen wie eine Filzmütze (pilion), dann ist dabei aber schon eine wohldefinierte Drehung gemeint: Die Sterne drehen sich so, dass ihr gegenseitiger Abstand immer gleich bleibt, wie die festgefügte Faserstruktur auf dem Mützenfilz. Barnes streitet – was die Analogie in der frühen griechischen Philosophie angeht – ihren wissenschaftlichen Wert weitgehend ab, weil Argumente, die auf Analogien bauen, niemals den Gesetzen logischer Schlussfolgerungen standhalten können. Wenn man allerdings in die heutigen Lehrbücher der Naturwissenschaften blickt, dann stellt man auch dort fest, dass logische Argumentation auch längst nicht immer alles ist. Beispielsweise bedient man sich bei der Beschreibung subatomarer Teilchen wie Elektronen oder Protonen eines Aspekts der Analogie, denn man verwendet das aus der makroskopischen Erfahrung gewonnene Bild der ‚Teilchen' im Sinne getrennter Körper bzw. Individuen. Seit fast einem Jahrhundert weiß man aber, dass dieses Bild für die Beschreibung des Mikrokosmos unzureichend ist. Wenn es heute immer noch Verwendung findet, so zeigt dies, wie Analogien in erkenntnistheoretisch schwer zugänglichen Bereichen selbst dann noch – zumindest partiell – einen erklärenden Wert besitzen können, wenn sie offenkundig nicht richtig sind (vgl. hierzu etwa die kritische Diskussion in Verhulst 1994: 131ff).

Im Zusammenhang mit der Bildung von Analogien betrachten wir Anaximanders berühmt gewordenes B 1-Fragment: „[…] denn sie zahlen einander gerechte Strafe und Buße (dikên kai tisin) für ihre Ungerechtigkeit nach der Anordnung der Zeit (chrônou taxin)." (DK 12 B 1)

Das Zitat ist dermaßen fragmentarisch, dass heute nicht mehr klar ist, wer oder was hier Strafe und Buße zahlt, da es sich aber um ein naturphilosophisches Zitat handelt, muss es sich im weitesten Sinne um das in Gegensätzen angeordnete Inventar der Welt handeln: Feuer-Wasser oder Erde-Wasser, aber auch Licht-Nacht sind hier denkbar. In der Literatur wird darauf hingewiesen, dass man damals alle aus der Alltagserfahrung bekannten sprachlichen Zugänge zur Beschreibung des Weltganzen nutzen musste – auch wenn der im B1-Fragment vorkommende Vergleich mit „Strafe und Buße" für die Beschreibung eines Naturprozesses etwas seltsam klingt. So schreibt beispielsweise Jaap Mansfeld:

„Es ist, als ob Anaximander den emotionalen Bedürfnissen der Menschen […] sprachlich entgegenkommt: wohl der bedeutendste Rest an Anthropomorphismus in diesem System, eine Art Weiterführung und Straffung des Wiedergutmachungsgedankens des Glaubens. Aber in einer Zeit, in der es noch keine Fachsprache gab, mußten die sprachlichen Mittel verwendet werden, die zur Verfügung standen. Zu große Bedeutung sollte der – wie Theophrast sagte – „poetischen Ausdrucksweise" des Fragments also nicht beigemessen werden. Wichtiger ist es, zu beobachten, dass der kosmische Prozess […] in einer strengen Abfolge verläuft. Anaximanders Satz ist neben anderem auch die Entdeckungsurkunde des physikalischen Zeitbegriffs, […]" (Mansfeld 1999: 62)

Es empfiehlt sich hier aber durchaus, die Art des Sprachgebrauchs nicht unbedingt als zufällig poetisch klingende Notlösung (in Ermangelung einer Fachsprache) zu erachten, denn diese Analogie könnte durchaus mit Absicht vielschichtig gestaltet worden sein. Eine damals neue Errungenschaft in der Rechtsprechung könnte nämlich unmittelbar Pate gestanden haben: Nicht mehr Blutrache, die nur die Vergeltung von ‚Gleichem mit Gleichem' zulässt, sondern eine geregeltere Rechtsprechung, die auch danach fragt, womit – wenigstens ersatzweise – Wiedergutmachung durch etwas Anderes geleistet werden kann, kommt in der revidierten Rechtsprechung der Polis zum Tragen. Für die Natur lässt sich diese Einsicht in etwa folgendermaßen übertragen: Wenn das Feuer lange Zeit dominiert hat, dann muss es zum Ausgleich eine Periode geben, bei der das Wasser für Ausgleich sorgen kann – wohlgemerkt in zeitlich „strenger Abfolge". In naturphilosophischer Hinsicht könnte neben einem stofflichen Wechsel außerdem auch die subtile Untersuchung des Wechsels von Tag und Nacht als Vorbild für das B1-Fragment gedient haben. In manchen Monaten ist der helle Tag länger als die Nacht, aber das gleicht sich in den Wintermonaten, in denen es genau umgekehrt ist, wieder aus. Die Offenheit des physikalischen Prozesses im Hinblick auf die Zukunft ist hier meines Erachtens besonders erwähnenswert: Die Dominanz der einen Sache kann durch etwas anderes zum Ausgleich gebracht werden, ein neues Ungleichgewicht wieder durch etwas anderes usw.

Man muss Mansfeld Recht geben, dass in der Analogie des Anaximander zum ersten Mal ein linearer, für die Zukunft offener, „physikalischer Zeitbegriff" zum Ausdruck gebracht wird.

Parallel zur Entwicklung der Analogie lässt sich bei den frühen Kosmologen eine Weiterentwicklung von Hesiods zeitlicher Abfolge von Göttergeneration feststellen: Man lässt die zeitliche Abwechslung der Dominanz von Stoffen gelten, aber man begibt sich noch einen Schritt weiter auf die Suche nach einer beständigen Größe bei der Beschreibung zeitlicher Prozesse. Anaximanders apeiron als zeitlich beständiges und unbegrenztes Reservoir mag als erstes Beispiel für eine beständige Größe im frühgriechischen Sinne dienen. Die Erklärung des Begriffs apeiron ist aber verwickelter, als es gemäß den heute gängigen Interpretationen zu sein scheint. Detlev Fehling, der die aristotelische Darstellung der ersten griechischen Naturphilosophen als sogenannte „Monisten" komplett ablehnt, kommt der Verdienst zu, dem anaximandrischen apeiron stärker auf den Zahn gefühlt zu haben als alle

anderen Interpreten zuvor (vgl. Fehling 1994). Wir folgen hier seiner Argumentation und greifen an ihrem Ende einen Gedanken von Burkert und Martin West auf. Fehling stellt die berechtigte Frage, ob das Wort apeiron bei Anaximander wirklich substantivisch – als ‚das Unbegrenzte' – oder nur adjektivisch im Sinne eines unbegrenzten Stoffes gebraucht wurde. Zwar hat sich die gesamte Anaximander-Auslegung von der Spätantike bis heute – auf Basis von Beschreibungen, die der aristotelischen Schule zugeordnet wurden – darauf festgelegt, dass ein abstraktes ‚Unbegrenztes' gemeint sei, aber bei einer nachdrücklicheren Untersuchung der Aristoteles- und Theophrast-Überlieferung, die wir Fehling verdanken, stellt sich der Sachverhalt anders dar. An einer Stelle der Physikvorlesung (Aristoteles, Physik 187a20) befindet sich nach Fehling die „substantiellste Angabe" über Anaximander, aber dort wird keineswegs mitgeteilt, Anaximander hätte das Unbegrenzte in seinen Schriften aufgeführt, sondern es wird dort klar unterschieden zwischen zwei Gruppen: Die Schule der Pythagoreer und Platon verwendeten das Wort apeiron als Substantiv, die anderen, zu denen alle frühen Kosmologen zu zählen sind, sprachen dagegen lediglich von einem unbegrenzten Stoff. Fehling führt in diesem Zusammenhang noch zwei weitere Aristoteles-Zitate an (Metaphysik 1069b22 bzw. Physik 203b14). Die Metaphysik-Stelle besagt, dass Anaximander ebenso wie Empedokles von einer ‚Urmasse' ausgegangen sei, die sich mit Anaxagoras' stofflicher Lehre vergleichen lässt. In diesem Zitat ist – wie Fehling zu Recht feststellt – nichts von einem abstrakten Unbegrenzten zu bemerken; Anaximander wird von Aristoteles vielmehr in eine Reihe gestellt mit Naturforschern, die einen Stoff beschreiben, aus dem sich die Gegensätze ausscheiden. Auf Basis seiner Forschung gibt Fehling zu den hier behandelten drei Aristoteles-Zitaten folgende Zusammenfassung:
„Unsere Betrachtung über Anaximanders „Prinzip" bei Aristoteles hat ein Bild ergeben, das aufs beste mit dem zusammenpaßt, was wir über sein Jahrhundert aus Originalstellen ermittelt haben. An zwei Stellen nimmt Aristoteles auf die Urmasse Bezug, aus der sich durch Scheidung die Weltmassen ausgesondert haben. An der dritten bestätigt er (mit einem ganz kurzen direkten Zitat), daß sie von Anfang an da war, daß es keine creatio ex nihilo gab, und daß sie auch ewig bestehen wird." (Fehling 1994: 85)
Eine neuere Bestandsaufnahme zeigt, dass sich diese Einschätzung von Anaximanders apeiron mehr und mehr zum Wissensrepertoire über die frühgriechische Philosophie entwickelt hat.
„Danach bietet sich für Theophrasts Mitteilung, laut Anaximander „sei das Prinzip […] das Unbegrenzte" (A9), eine neue, alternative Erklärung an, die gut zu dem allgemeinen Eindruck passt, den die Forschung von dem epigonalen Charakter der theophrastischen Doxographie gewonnen hat:

Theophrast zitiert den Ausdruck ‚das Unbegrenzte' nicht aus Anaximanders Buch, sondern er wählt ihn für seine eigene Darstellung der Prinzipienkonzeption des Milesiers aus der Reihe der von Aristoteles vorgegebenen peripatetischen Beschreibungsbegriffe aus." (Dührsen 2013: 273, stützt sich vor allem auf Burkert, West und Fehling)

Es bleibt dann die Frage übrig, welcher Stoff denn nun bei Anaximander mit ‚unbegrenzt' bezeichnet wurde. Dazu schauen wir uns entlang einer Deutung, die Burkert vorgeschlagen hat, die anaximandrische Kosmologie noch einmal näher an. Wir haben über Anaximanders Längenverhältnisse erfahren, die Sterne seien 9-mal so weit entfernt, wie die Erde breit ist; der Mond und sein Himmelsrad 18-mal und schließlich die Sonne 27-mal so weit entfernt. Burkert sieht in dieser wohlgemerkt falschen räumlichen Anordnung, die die Sterne an die unterste Stelle setzt, eine Dreiteilung des Himmels verwirklicht, die auch auf Keilschriftzeugnissen assyrischer Priester vorkommt (vgl. Burkert 2003, S.122); in der iranischen Religion war diese Dreiteilung des Himmels zudem mit einem Aufstieg der Seele verknüpft: vom Rad der Sterne zum Rad des Mondes, von da zum Rad der Sonne und schließlich bis zum „anfangslosen Licht". Während Burkert sich bei der Einbeziehung des anfangslosen Lichts auf persische Quellen beruft, die allerdings schwer datierbar sind, findet West noch ein zusätzliches Argument für eine solche – bei Anaximander nicht explizit vorkommende – vierte Himmelsstation. West weist nämlich darauf hin, dass ja nach dem Faktor 27 der Faktor 36 kommen müsste; die Zahl 36 hat neben ihrer Ausgewogenheit als Quadratzahl eine wichtige astronomische Bedeutung. Vor allem in Ägypten, aber auch in Mesopotamien, wurde der Himmel in 36 Abschnitte von je 10° Winkelausdehnung eingeteilt. Analog dazu besaß ein Kalenderjahr 36 Wochen zu je 10 Tagen. Zur Sichtbarmachung dieser Himmelseinteilung dienten 36 gleichmäßig über den Himmel verteilte, sogenannte Dekan-Sterne. West hält es nun für plausibel, dass nach dem Faktor 27, für den das Rad der Sonne steht, in Anaximanders Philosophie ein abschließender Himmelsbereich zum Faktor 36 vorgesehen war. Voraussetzung dazu ist, dass er vor allem die Einteilung des Außenbereichs in 36 gleichgroße Winkelbereiche im Auge hatte und nicht die gleichzeitige Identifizierung mit Sternen, denn dies würde seiner Himmelskörper-Reihenfolge, die mit den Sternen beginnt, deutlich widersprechen. Für den äußersten Bereich könnte Anaximander dann tatsächlich auch eine besondere Lichtquelle vorgesehen haben, die dem entspricht, was in iranischen Quellen „anfangsloses Licht" genannt wird. Dieses besondere Licht, von dem das ganze sonstige Inventar der Welt umgeben ist, bildet für Burkert den unbegrenzten Stoff des Anaximander.

Heraklit und Parmenides: Der Streit um Prozessualität und Ewigkeit

Auf der von Anaximander angestoßenen Suche nach einer bleibenden Größe in der von Prozessen dominierten Welt ist Heraklit besonders weit gekommen. In seiner sogenannten „Flusslehre", die wohlgemerkt erst einige Jahrhunderte später zu dem Schlagwort „Alles fließt" zusammengefasst wurde, kommt das paradoxe Spannungsfeld der Eigenschaften von Prozessen sehr deutlich zum Ausdruck. Wenn wir die Zuspitzungen an manchen Platonstellen und allgemein in der späteren Überlieferung außer Acht lassen, dann wird Heraklits Flusslehre am ehesten durch folgende zwei B-Fragmente wiedergegeben:

„Wer in denselben Fluß steigt, dem fließt anderes und wieder anderes Wasser zu." „Man kann nicht zweimal in denselben Fluß steigen." (DK 22 B 12/91)

Wie so oft bei Heraklits Aussagen beobachtet werden kann, erzeugt die ans Paradoxe grenzende Aussage ein starkes Spannungsfeld. Die Rede von „demselben Fluss" ist insofern gestattet, als es sich beim Flussbett in der Landschaft wirklich um eine bleibende Sache handelt, aber der Zufluss immer neuen Wassers macht den Fluss wiederum zu einem wechselhaften Gebilde. Letztlich entsteht die Spannung der Fragmente aus dem Perspektivenwechsel zwischen zeitlicher Konstanz und Veränderung – bei der nun folgenden näheren Betrachtung erscheint dieses Spannungsfeld als ein Grundthema Heraklits Lehre von Prozessualität.

Im Kontext mit dem Feuer hat Heraklit seine Lehre von Prozessen besonders detailliert ausgearbeitet; um die Rolle des Feuers zu illustrieren, verwendet er eine Analogie mit dem Warenverkehr. So wie man mit Geld beliebige Waren kaufen kann so bildet Heraklits Feuer ausdrücklich die Währung für alle Arten von Prozessen:

„Alles ist austauschbar gegen Feuer und Feuer gegen alles, wie Waren gegen Gold und Gold gegen Waren." (DK 22 B 90)

Will man in vollem Umfang verstehen, wie dieser Vergleich gemeint ist, so schaut man sich am besten erst einmal Heraklits Beschreibung natürlicher Prozesse an, bei denen das Feuer eine wichtige (aber keine exklusive) Rolle einnimmt, um direkt im Anschluss dazu auch die Rolle des Feuers für alles Lebendige im Rahmen der Seelenlehre zu erörtern:

„Wendungen des Feuers: zuerst Meer, vom Meer aber die eine Hälfte Erde, die andere Hälfte Gluthauch [d.i. Feuer] … <Erde> löst sich auf in Meer und wird so bemessen, daß sich dasselbe Verhältnis wie das ergibt, welches galt, bevor Erde entstand." „Für die Seelen ist es Tod zu Wasser zu werden, für das

Wasser Tod zur Erde zu werden. Aus der Erde wird Wasser, aus Wasser Seele." (DK 22 B 31/36)

Das erste Zitat bezieht sich auf Naturprozesse; hier ist es hilfreich etwas über die geographische Lage des Artemis-Tempels mitzuteilen, zu dem Heraklit eine sehr starke Affinität besaß. Relativ weit außerhalb der ehemaligen Stadtmauern von Ephesos liegt der Tempel in einer Senke, aus der das Grundwasser bei feuchter Witterung ein sumpfiges Gelände werden lässt. Dieser Wechsel zwischen feuchtem und trockenem Boden war auch den Bewohnern in der Antike – so zeigen es die Ausgrabungen – keinesfalls unbekannt. Vor diesem Hintergrund liest sich das Fragment wie eine Verallgemeinerung der Beobachtungen in der Gegend um das Artemision. Das Feuer (der Sonne) wirkt zuerst auf das Wasser des Meeres; dort verwandelt es sich zur Hälfte in Land (Trocknung), zur anderen Hälfte aber in Gluthauch, der das Feuer der Sonne und anderer Himmelskörper (vgl. DK 22 A 1) speist. Umgekehrt kann die Erde wieder feucht werden und wieder so viel Feuer abgeben, wie sie für die Trocknung erhalten hatte. Diese Deutung entnehmen wir derjenigen Textstelle, in der Heraklit betont, dass „sich dasselbe Verhältnis wie das ergibt, welches galt, bevor Erde entstand". Diese Ausführungen wiederum lesen sich wie eine naturphilosophische Paraphrasierung zu Heraklits Grundsatzfragment DK 22 B 90, in welchem er die Ordnung und Harmonie des Feuers als „in Maßen entflammend, in Maßen verlöschend" preist (Abb. 2). Das zweite Fragment über die Seelen folgt der naturphilosophisch vorgegebenen Ordnung, sofern man formal die Seele mit Feuer gleichsetzt: Eine Seele, die zu Wasser wird, erleidet den Tod, aus dem Wasser wird Erde und in der Umkehrung des Prozesses kann aus Erde wieder Wasser werden, wodurch die Seele wieder entstehen kann. Die enge Anbindung der Seele an die Lehre vom Feuer ist bei Heraklit nicht nur formal vorhanden; auch inhaltlich betrachtet er die Seele als feurig, dies kommt am besten in einem Macrobius-Zitat (DK 22 A 31) zum Ausdruck, wonach „für Heraklit die Seele ein Funke von der Substanz der Sterne" sei.

So bildet das Feuer Antrieb und Steuerung für alle denkbaren Prozesse in der Welt des Lebendigen. Heraklit setzt das Feuer mit der Seele gleich und warnt davor, die Seele feucht werden zu lassen, weil dies im schlimmsten Fall den Tod bedeutet.

Vor allem beim Thema ‚Leben' und ‚Seele' nimmt das Feuer wirklich eine ausgezeichnete Rolle ein, die Heraklit mit seinem Währungs- und Warenvergleich unterstreicht. Als Lebensquelle ist Feuer notwendig; ein Quantum Feuer bedeutet so viel wie ein Quantum Leben. Wo das Feuer weicht, da verwandelt sich im Extremfall Leben in Tod, die Reduzierung des Feuers kann aber – nebenbei gesagt – auch Lust bedeuten. Weil aber das Feuer gemäß Heraklits Vergleich weitgehend konstant bleibt wie das Geld, wird in der Welt insgesamt immer gleich viel Leben möglich sein. Das folgende Fragment klingt so gesehen wie eine Zusammenfassung der Naturphilosophie und der Seelenlehre:

„Diese Weltordnung [dieselbe für alle] hat weder einer der Götter noch ein Mensch geschaffen, sondern immer war sie, ist sie und wird sie sein: ein ewiglebendiges Feuer, das nach Maßen entflammt und nach Maßen verlöscht." (DK 22 B 90)

Es muss als verfehlt angesehen werden, das Feuer ausschließlich als Ursache für Prozesse in Bezug auf leblose Materie zu verstehen; so wäre es beispielsweise nicht einsichtig, warum das Feuer gegenüber dem Wasser eine übergeordnete Rolle einnehmen soll, wenn zwar ein Quantum Feuer ein gewisses Quantum Wasser zum Verdampfen bringen, aber umgekehrt eine bestimmte Menge Wasser ein bestimmtes Quantum Feuer löschen kann. Die Rolle der beiden Elemente erscheint auf der bloßen ‚physikalischen' Ebene weitgehend symmetrisch zu sein. Schlüssig erklärbar ist Heraklits Auszeichnung des Feuers erst dann, wenn wir auch seine Rolle für die Seelenlehre und für die Welt des Lebendigen beachten. Feuer lässt sich eben nur gegen Prozesse in der Welt des Lebendigen eintauschen. So wie man ja Geld immer nur gegen Güter (und nicht gegen Unrat) eintauscht, so ist der Wirkungskreis des Feuers auf eben diese Prozesse beschränkt. Mit dem Feuer nimmt Heraklit eine Auszeichnung alles Lebendigen vor – tatsächlich zeigt auch die thematische Ausrichtung vieler seiner Fragmente, dass politische und ethische Sachgebiete bei Heraklit wesentlich ausgeprägter sind als bei vielen anderen frühgriechischen Kosmologen. Heraklit sagt sogar ausdrücklich, dass das Feuer „vernünftig" (phronimon) sei (DK 22 B 64). So ist es nicht verwunderlich, dass spätere pythagoreische Kosmologen wie Hippasos und Philolaos sich des Feuers als wichtigstem Element bedient haben: Die Vorstellung einer zeitlichen Konstanz des Feuers, das bei Ortswechsel an einem Ort den Tod und woanders Leben bringt, bietet eine gewisse Grundlage für kosmologisch fundierte Seelenwanderungslehren.

Auch die Details in Heraklits astronomischen Entwürfen folgen den von ihm aufgestellten Gesetzen des Feuers. Die Sonne ist ein starkes Feuer, das den Himmel durchstreift. Wenn es unten an der Meeresoberfläche ankommt, wird es gelöscht – bis es am Morgen wieder entflammt und aufsteigt. Heraklit war der Gedanke noch fremd, die Sonne könnte hinter dem Horizont lediglich unter- und wieder auftauchen. Für ihn könnte eine Beobachtung ausschlaggebend gewesen sein, die man beim Löschen eines Feuerstelle mit Wasser machen kann: Wenn zu wenig Wasser genommen wurde, dann verdunstet es und die Glut kann wieder neu zu einem Feuer entfacht werden.

Der Mond ist für Heraklit ebenfalls ein (wenn auch schwächeres) Feuer. Außerdem wird hier das Gefäß betont, in der das Feuer brennt; dieses Gefäß dreht sich permanent. Wenn seine Außenseite teilweise zum Beobachter gewandt ist, dann erkennt man Mondphasen (Abb. 2). Ist die Gefäß-Außenseite komplett zum Beobachter gerichtet, dann ist praktisch nichts mehr vom Feuer sichtbar – für Heraklit entspricht das dem Neumond.

Zugegeben, dieses astronomische Bild des Weltalls erscheint aus heutiger Sicht recht naiv zu sein. Aber es ist konform zu Heraklit sonstiger Lehre vom Feuer und – das sollte man immer wieder betonen – es ist der Versuch, durch räumliche Analogien mehr zu leisten als das bloße Aufzählen von Mond- und Sonnenrhythmen, wie es in der orientalisch geprägten Tradition üblich war.

Will man die Bedeutung Heraklits für seine Nachfolger verstehen, so muss man sich vor allem die bereits angedeutete Unzulänglichkeit in seinem Entwurf vor Augen halten: Wie lässt sich an der von ihm selbst behaupteten Einheit der Gegensätze in letzter Konsequenz festhalten, wenn in dem wesentlichen Gegensatzpaar ‚Feuer-Wasser' das Feuer so eklatant im Vordergrund steht? Die Rolle des Wassers und seiner Prozesse würde da völlig ausgeblendet bleiben, obwohl sie eine notwendige ‚Kehrseite der Medaille' darstellt, die – positiv gesprochen – ja überhaupt erst den in der Einheit der Gegensätze ausgesprochenen Harmoniegedanken zu verwirklichen vermag. Kurzum: Der Universalitätsanspruch des Feuers als ein „lebendiger" und „vernünftiger" Stoff steht in einem unauflösbaren Spannungsfeld zu einer Dualität, die in dem Gegensatzpaar ‚Feuer-Wasser' verankert ist. Parmenides' ‚Einheit des Seins' liest sich vor dem Hintergrund dieses Spannungsfeldes wie eine kritische Auseinandersetzung mit Heraklits „Einheit der Gegensätze". Parmenides vermeidet mit der Einführung der „Einheit des Seins" stoffliche Gegensatzpaare so weit wie möglich – er geht sogar so weit, dass er die Existenz von Gegensätzen wenigstens in einem sehr grundsätzlichen Sachverhalt ablehnt, wenn er nämlich das Nichtsein gegenüber dem Sein als „Pfad, aus dem keine Nachricht kommt" (DK 28 B 2), vollkommen ausschließt. Gegensätze lässt Parmenides nur in der Welt der Meinungen (doxai) zu. Die doxai entstehen nach Parmenides dadurch, dass die Menschen zwei gegensätzliche Formen (morphai), die in der Dimension ‚hell-dunkel' verankert sind, zur Beschreibung der Welt verwenden (vgl. DK 28 B 8). Dennoch enthalten die Doxa-Ansichten ein wichtiges Komplement zur Lehre vom Sein. Parmenides erklärt nämlich wie es trotz der Einheit des Seins möglich ist, das Entstehen bzw. Werden in der Welt durch Mischung zu erklären:

„In der Mitte (des Kosmos) befindet sich die Göttin (daimôn), die alles lenkt, denn überall gebietet sie die abscheuliche Geburt und Mischung, indem sie zum Männlichen das Weibliche schickt […]" (DK 28 B 12)

Auch Parmenides will erklären, was die Lebendigkeit in der Welt ausmacht, aber er vermeidet bei der Frage, was das Leben ausmacht, im Gegensatz zu allen bisherigen ionischen Philosophen, eine stofflich-materielle Erklärung; für ihn bildet die Denk- und Wahrnehmungsfähigkeit die Grundlage des Lebens; Parmenides verknüpft schließlich diese Lebensgrundlage mit seiner Lehre vom Sein:

„to gar auto noein estin te kai einai. Denn dasselbe ist Denken und Sein." (DK 28 B 3)

Parmenides' astronomisches Wissen geht viel weiter als das seiner Vorgänger. Er erkennt, dass der Morgen- und Abendstern ein und dieselbe Erscheinung am Himmel darstellen, die im Planeten Venus ihre Einheit findet. Er macht sich Gedanken über die räumliche Form des Weltalls und findet in der Kugel das geeignete Modell. Mit anderen Worten: Er verwendet die Vorstellung eines sphärischen Universums. Er macht im Gegensatz zu Anaximander klar, dass der Mond am nächsten zur Erde ist, darauf folgen die Sonne und schließlich die Sterne. Er findet die richtige räumliche Ursache für das Auftreten der Mondphasen, indem er feststellt, dass der Mond „immer zur Sonne äugelt". Auch die Milchstraße findet bei ihm – freilich nicht als Ansammlung zahlreicher Sterne, sondern als Helligkeitsabstufung des Nachthimmels – Erwähnung. Es gibt auch antike Berichte, er habe die Erde als Kugel angesehen – eine Beweisführung für die Kugelgestalt der Erde wurde aber mit großer Sicherheit erst ungefähr 100 Jahre später durchgeführt.

Wenn wir uns zum Schluss dieses Kapitels wirklich einmal klarmachen, wie in Parmenides' Weltbild der aus heutiger Sicht so banale Unterschied von Tag und Nacht zu bewerten ist, dann wird das damalige Ringen um Erkenntnis auf einmal sehr lebendig. Die Vorstellung eines sphärischen Weltalls mit der Erde im Zentrum ermöglicht es, eine für die damalige Zeit nahezu unglaubliche Erkenntnis fassbar zu machen: Den Wechsel von Tag und Nacht gibt es aus Parmenides' übergeordneter Perspektive betrachtet überhaupt nicht. Wenn jemand behaupten würde, es sei jetzt Nacht geworden, dann könnte Parmenides entgegnen, dass es immer noch Tag sei, wohlgemerkt freilich in einer anderen Erdregion. Die Sonne ist immer da und immer gleich hell – sie wechselt nur ihren Ort. Der Mond ist immer da und immer hell und rund – es ändert sich nur seine räumliche Konstellation zur Sonne und Erde, so dass der an die Erde gebundene Beobachter streng rhythmische Mondphasen zu sehen bekommt. Man vergleiche diese prägnanten Aussagen mit den Bemühungen des Heraklit, durch Zusatzprämissen das vermeintliche

Sonnenburnout sowie die Phasen des Mondes zu erklären. Meine Erachtens ist es eine großartige Sache, mit Hilfe eines geeigneten räumlichen Modells die ganze Welt aus allen Perspektiven betrachten zu können. Ausgehend von Punkten auf der Peripherie ‚sieht' man auf einmal, dass es den Wechsel von Tag und Nacht überhaupt nicht gibt, dass vielmehr die Sonne wie alle anderen Himmelkörper immerwährend da sind. Was heutzutage beim Betrachten eines Erdglobus schon in der Grundschule zur Selbstverständlichkeit wird, musste in früherer Zeit erst einmal errungen werden. Parmenides kann dies noch – das spürt man in seinen Texten – als Erkenntnis-Triumph feiern. Die berühmte Entrückung im parmenideischen Lehrgedicht, in der Parmenides von seiner persönlichen Erfahrung berichtet, er sei mit einem Himmelswagen „bis an die Grenzen von Tag und Nacht" vorgestoßen, mag als dichterische Glanzleistung mit all ihren Rätseln unangetastet bleiben, doch erhält sie anhand der astronomischen Erkenntnisse des Parmenides einen gewissen realen Hintergrund, was seine dichterische Leistung keineswegs schmälert, sondern vielmehr unterstreicht.

Empedokles von Akragas: Ein Vermittler mit neuen Impulsen

Parmenides' räumliches Weltbild passt bestens zu seiner Lehre von der Einheit des Seins, dem sich selbst Abend- und Morgenstern zu unterwerfen haben, doch Heraklits Lehre von der Prozessualität ist durchaus sehr ausgereift und stimmig, sie geht aber im parmenideischen Überschwang neu gewonnener Erkenntnisse regelrecht verloren, zumal Parmenides soweit zu gehen scheint, dass er jegliche Prozessualität als Täuschung abtut. Der sizilische Naturforscher Empedokles von Akragas wagt es, hierbei den Ausgleich zu schaffen.
Der Begründer der wohlbekannten Vierelementenlehre (Feuer, Wasser, Erde, Luft) stützt sich bei seinem Mischungskonzept auf einen Gedanken des Parmenides. Zwar hört für Parmenides die Wahrheit genau dort auf, wo die Menschen zwei Gegensätze – in seiner Terminologie sind das Licht (phôs) und Nacht (nyx), das eine leicht das andere dicht und schwer – zur Beschreibung der Welt heranziehen; dieser Weg führt laut Parmenides in die Welt der doxai, die einerseits als „trügerische Ordnung" (apatêlos kosmos) aber andererseits als dem Wahren „ähnlich" beschrieben werden, weil sie immerhin eine schlüssige Erklärung für die Prozesse in der Welt geben können, ohne von Zeugung oder von Entstehen sprechen zu müssen, denn für Parmenides ist klar: Wie soll etwas aus dem Nichts, als einem Reich aus

dem keine Nachricht kommt, entstehen? Obwohl Parmenides kritisch zu der von ihm selbst eingeführten Dualität steht, erweitert Empedokles dieses Konzept zu einer viergliedrigen Mischungstheorie. Das Attribut „untrügerisch" (ouk apatelon), welches er nunmehr seiner Lehre beifügt, zeigt, dass Empedokles hier mit voller Absicht auf Parmenides Bezug nimmt. Die aus den parmenideischen doxai entlehnte und weiterentwickelte Mischungstheorie hält Empedokles bestens dafür geeignet, die parmenideischen Reinheitsgebote bei der Beschreibung des Seins – nämlich Ewigkeit und Einheit – zu erfüllen; andererseits liefert Empedokles' Mischung auch in erkenntnistheoretischer Hinsicht wichtige Antworten:

„Du aber vernimm den untrüglichen (ouk apatelon) Gang meiner Rede. Denn diese [vier Grundstoffe] sind alle gleich und der Herkunft nach gleichaltrig; [...]. abwechselnd üben sie aber im Umlauf der Zeit die Herrschaft aus. Und außer diesen kommt nichts hinzu und es hört auch nichts auf. [...] Nein, sie sind eben nur diese und indem sie durcheinander laufen, entsteht bald dieses, bald jenes [...]." „Denn aus diesen [Anm.: vier Grundstoffen] sind alle Dinge harmonisch (harmosthenta) zusammengefügt und durch diese denken sie (phroneousi) und empfinden Lust und Schmerz." (DK 31 B 17/107)

Empedokles führt noch konkret aus, wie man mit den vier Elementen, die ja letztlich auch das Wahrnehmungs- und Denkvermögen ausmachen müssen, Lust und Schmerz empfinden kann. Die Details hiervon sollen ausgespart bleiben – wichtig ist aber der entstandene Vermittlungsversuch zwischen Heraklit und Parmenides: Nicht mehr allein das Feuer macht die Welt lebendig. Alle vier in der physikalischen Welt gleichermaßen vorkommenden Elemente sind an der Konstitution des Lebendigen, insbesondere auch beim Denkens und Fühlen, beteiligt. Mit einem Zitat aus einem Beatles-Song „Your inside is out and your outside is in" könnte man Empedokles Geistesblitz hier zusammenfassen, der wiederum den berühmten Ausspruch des Parmenides „denn dasselbe ist Denken und Sein" stofflich untermauert.

Der gedankliche Weg zu Empedokles' Mischungstheorie lässt sich durch die Vielzahl an vorhandenen Zitaten recht gut nachzeichnen. Eine neuartige Praxis, nämlich die der Farbmischung stand hier Pate. Empedokles verwendet ausdrücklich den Vergleich mit einem Maler der Farben mischt (DK 31 B 23), um die Rolle seiner vier Grundstoffe, die er Wurzelgebilde (rhizomata) nennt, zu erläutern. In der Malerei fand beim Übergang von der Archaik zur Klassik eine Revolution statt: Während man in der Archaik hauptsächlich immer die gleichen drei Farben verwendete, mit denen man schwarz umrandete Flächen lediglich füllte, erkannte und nutze man nun auf einmal das Kontinuum an Farben, das man durch Mischung von vier Grundfarben erhält. Während Parmenides die Vielheit der Welt in einem Gegensatzpaar (Licht-Nacht) verortet sah und als „trügerisch" beschreibt, kann man bei Empedokles feststellen, dass die Welt nun bunt und ausdrücklich „untrügerisch" geworden ist. Das Wissen um die vier Elemente ermöglicht es den Menschen also sehr wohl, zu echter Erkenntnis zu gelangen. Da die Naturfarben in der Antike aus verschiedenartig hergestellten Pulvern bestanden, lässt sich beim Vergleich mit der Farbmischung gut nachvollziehen, dass aus mikroskopisch kleinen Grundkomponenten die Vielfalt in der Welt hervorgebracht wird. Der Vergleich zwischen den Grundfarben und den Elementen, aus denen die Welt bestehen soll, stimmt sogar in der Anzahl der jeweiligen Grundkomponenten überein: Empedokles verwendet vier Grundbestandteile Wasser, Feuer, Luft, Erde und bezeugt gleichzeitig, dass zu seiner Zeit vier Grundfarben, nämlich Schwarz, Weiß, Rot und Gelbgrün verwendet wurden. In dieser Hinsicht hat Empedokles als erster Naturphilosoph zu gelten, der – noch vor Demokrit – nennenswerte Ansätze zum Thema Atomismus lieferte . Auch ist es meiner Ansicht nach kein Zufall, dass die Frage nach den Grundbestandteilen der Welt mit der Entwicklung eines sphärischen Weltbildes einherging: Bei allen bisherigen Vorgänger-Kosmologien stieß die Analogie in makroskopische Größenordnungen vor. Die Erde ist wie ein Stück Holz oder wie eine Zylindersäule, nur eben viel größer, weil ja die Welt als Ganzes viel größer ist. Speziell in einem sphärischen Weltall gibt es aber neben der Peripherie noch einen zweiten unzugänglichen Bereich, an den man sich durch sinnvolle Erklärungen annähern muss – damit ist jetzt die Mitte des Weltalls gemeint, die sich bei Empedokles im Erdinneren befindet: So wie man nach außen eine Maßstabsvergrößerung erhält, bildet sich bei Annäherung an den Mittelpunkt eine Maßstabsverkleinerung aus. Dabei rückt dann die Frage nach denjenigen Dingen in den Vordergrund, die so klein sind, dass man sie nicht mehr sehen kann, die aber dennoch die Vielheit der Welt maßgeblich bestimmen. Empedokles metaphorisch gewählte Bezeichnung der vier Elemente als „Wurzeln" bringt den Verkleinerungsmaßstab lebhaft zum Ausdruck, denn Wurzeln verzweigen sich bei detaillierter Betrachtung so weit, das man ihre feinsten Verästelungen mit bloßem Auge kaum noch erkennen kann; ferner erinnert dieser Ausdruck an die im frühgriechischen Kulturkreis bekannte Vorstellung, dass die Erde unterirdisch „verwurzelt" sei. Die im Erdinneren vorhandene Mischung bekommt man von Zeit zu Zeit zu spüren, wenn zischend-heißes, flüssiges Magma zu Erdgestein erstarrt. Dass das Magma schließlich zu Stein wird, bedeutet in Empedokles Vorstellungswelt, dass alles Feuer und Wasser zusammen mit der zischenden Luft aus der Mischung entwichen ist und nur noch Erde, die für Empedokles nichts anderes als Gestein bedeutet, übrigbleibt. Allgemein bedeutet „Entstehen und Vergehen" für Empedokles, dass sich Gegensatzpaare wie Feuer-Wasser bzw. Erde-Luft neu formieren; durch die erstaunliche Multifunktionalität seiner vier Grundstoffe und durch seine Bezugnahme zum Erdinneren wagt Empedokles – als erster Denker überhaupt – einen Erklärungsversuch dessen, „was die Welt im Innersten zusammenhält" (mit den Worten von Goethes Faust in der Studierstube).

Vulkanische Phänomene waren übrigens für Empedokles wohlbekannt, zumal Akragas nur ungefähr 300 km vom Ätna entfernt war. Der Legende nach ist er durch einen Sprung in den Ätna gestorben.

Bevor wir zu Empedokles' astronomischen Modell (Abb. 3) kommen, ist es notwendig seine eigenwillige Art der Weltentstehung zu referieren. Einst war die ganze Welt eine einzige vollkommen gleichmäßige Elemente-Mischung in Form einer Kugel. Empedokles nennt diesen Zustand Sphairos (Urstoff, DK 31 B 24). Einer äußeren Kraft, die Empedokles „Streit" (neikos) nennt, gelingt es die Stoffe mehr und mehr aufzuwirbeln, so dass sich aus dem Sphairos mehr und mehr die Mischung auflöst und im Gegenzug Ansammlungen von Elementen in Reinform, also Wassermassen, Luftmassen, Feuer in Gestalt der Sonne und natürlich auch unsere Erde entstehen. Der sogenannte „Streit" führt sein Entmischungswerk immer weiter fort, bis schließlich eine weitestgehend sterile lebensfeindliche Welt übrigbleibt. Aber nach einer Pause von 4000 Jahren kommt eine zweite Kraft ins Spiel. Die sogenannte „Liebe" bringt die Elemente wieder zur Mischung bis nach 6000 Jahren wieder der Sphairos entsteht. Ihm ist ebenfalls eine Pause von 4000 Jahren vergönnt, bis der Streit wieder einsetzt.

In Empedokles' Weltentstehung (durch Entmischung) entlässt die ursprünglich vollständige Mischung des Sphairos der Reihe nach flüssiges Wasser und leichte Stoffe wie Feuer bzw. Luft, so dass sich – gewissermaßen als Rest – eine feste Erde konstituieren kann. Charakteristisch für diese Scheidung ist bei Empedokles das gleichzeitige Entstehen von unzähligen Lebensformen, deren Arten parallel zur Veränderung der Welt eine Metamorphose durchlaufen. Unsere Welt, die Empedokles natürlich auch ausführlich beschreibt, stellt somit nur ein Zwischenstadium in einem kontinuierlichen vom „Streit" angestoßenen Prozess dar. Darin ist das Feuer der Sonne noch nicht gleichmäßig am Himmel verteilt, sondern tritt an einem Ort geballt auf, auch das Wasser der Meere ist noch nicht so gleichmäßig auf der Erdkugel verteilt, dass es den Landmassen keinen Platz mehr bieten würde, um mit der Luft und der Sonne in Kontakt zu kommen. Eine bereits entmischte Welt finden wir laut Empedokles durchaus vor, aber es ist noch keine vollständig entmischte Welt, in der sich Wasser, Luft-, und Feuermassen konzentrisch um die Erdkugel angereichert haben und somit jenen für alles Lebendige so wichtigen Mischungsprozess verhindern. Der „Streit" sorgt übrigens auch dafür, dass die Elementmassen wie in einem Wirbel die Erde umkreisen, bis schließlich sogar die Erde mitkreist.

Kommen wir nun zur astronomischen Beschreibung seiner und – mit leichten Einschränkungen, die dem Fortschreiten der Metamorphose geschuldet sind – auch unserer Welt. Für Empedokles stellt der Mond eine Verdichtung in der Atmosphäre dar. Die Mondphasen und Sonnenfinsternisse (Mond schiebt sich zwischen Erde und Sonne) erklärt er korrekt und betont (stärker als Parmenides), dass der Mond kein eigenes Licht erzeugt. Das Auftreten der Nacht stellt er präziser dar, denn er erkennt, dass die Erdkugel das Sonnenlicht abschattet. Die Gegenläufigkeit der Planeten (nicht aber die Bahn der Ekliptik) kann Empedokles leicht dadurch erklären, dass sie – weiter entfernt von der Peripherie als die Sterne, noch nicht so stark vom Wirbel des Streites erfasst werden. Da die Welt als Ganzes eine Kugel ist, überlegt sich Empedokles konkret, wie das Firmament in der Peripherie beschaffen ist. Er erklärt es mit Hilfe von Luft, die durch Abkühlung – wie zu Eis – erstarrt ist. Unterhalb des Firmaments befindet sich eine Art Sonnensphäre. Die eine Hälfte dieser Sphäre, in der die Sonne steht, ist nach Empedokles feurig und hell, die andere Hälfte eher feucht und dunkel. Wer hier genau mitdenkt, dem wird klar, dass sich die Sonnensphäre im gleichen Rhythmus, wie die Sonne um die Erde drehen muss, denn die besondere Helligkeit der einen Sphärenhälfte wird ja bei Empedokles als vollkommen unabhängig von der Helligkeit der Sonne beschrieben. Damit in diesem Modell die ‚Phänomene stimmen', muss mit dem Sonnenlauf die Bewegung der ganzen Sonnensphäre synchron gekoppelt sein – dies stellt in Empedokles' speziellen Weltenstehungsmodell aber überhaupt kein Problem dar, zumal ja der Streit von außen her sowieso alles in Drehbewegung versetzt.

Ungeachtet der mythologischen Einfärbung und auch trotz seiner Verkennung der ursächlichen Verbindung zwischen dem Sonnenlicht und dem Taghimmel, ist Empedokles' Weltentwurf in räumlich-geometrischer Hinsicht schon sehr weit ausgearbeitet (Abb. 4).

Die Harmonielehre der Pythagoreer

Bisher haben wir die vorsokratischen Philosophen – angefangen mit Hesiod als einem Wegbereiter – in chronologischer Reihenfolge behandelt. Ausgerechnet bei Pythagoras, dem einzigen vorsokratischen Naturforscher, den jeder von der Schule her kennt, ist eine chronologische Einreihung schwierig, denn von Pythagoras selbst, einem Zeitgenossen von Heraklit, ist kein einziger schriftlicher Text überliefert. Man kann sich bei ihm nur auf zwei Dinge stützen: Einmal auf Originalfragmente anderer Pythagoreer; diese sind aber erst 150 Jahre nach Pythagoras geschrieben worden. Die Existenz solcher Originalfragmente ist der Grund dafür, dass man die Pythagoreer zumeist erst nach Parmenides und Empedokles einordnet. Die weitere Möglichkeit, mehr über Pythagoras zu erfahren, besteht darin, sich auf Berichte aus zweiter Hand zu stützen; die aber werden im Laufe der Jahrhunderte immer weitschweifiger und tragen dadurch nur sehr bedingt dazu bei, die Konturenschärfe in Bezug auf jene berühmte Persönlichkeit zu erhöhen. In der heutigen Forschung gibt es zwei verschiedene Ansätze, um dem wirkungsmächtigen Pythagoras gerecht zu werden. Leonid Zhmud sieht in ihm einen Wissenschaftler und Mathematiker vom Rang einer absoluten Ausnahmeerscheinung, der neben politischen Aktivitäten (die später zu Verfolgungen führten) wissenschaftlich geforscht und auch Schüler ausgebildet habe. Auf diese Weise legte Pythagoras laut Zhmud den Grundstein für die fast 1000-jährige Geschichte der pythagoreischen Schule. Die Strömungen dieser Schule haben unter anderem auch die platonische Akademie stark beeinflusst. Im Gegenzug zu Zhmud ist Burkert sehr vorsichtig im Umgang mit der Quellenlage. Er findet keine glaubwürdige Quelle, die Pythagoras zu Recht als Wissenschaftler ausweisen könnte, vielmehr verwendet er die zahlreichen Legenden, die sich um dessen Person ranken, als Argument, in Pythagoras einen schamanistischen Weisen zu sehen, der mündliche Lehren – beispielsweise über Seelenwanderung und Fleischverzicht – verbreitet habe.

Exemplarisch am Beispiel der pythagoreischen Harmonielehre möchte ich folgenden Mittelweg vorschlagen: Pythagoras wird die Entdeckung zugeschrieben, dass Musiktöne ganz bestimmten und sehr einfachen Zahlenverhältnissen folgen. Anhand einer schwingenden Saite, dem sogenannten Monochord, soll er Folgendes festgestellt haben. Beim Abgreifen einer Oktave erhält man auf der Länge der Saite das Verhältnis 2 : 1, bei der Quinte liegt es bei 3 : 2 usw. Auf der Grundlage dieses Wissens begab er sich auch auf die Suche nach den Harmoniegesetzen des Himmels – bis heute ist die sogenannte „Sphärenmusik" ein geflügeltes Wort geblieben. Auffallend ist nun, dass seit Pythagoras' Zeit Naturforscher das Ziel weiter verfolgten, Zahlenverhältnisse in der Natur aufzufinden. Dies lässt sich gut bei Empedokles, der zwei Generationen später als Pythagoras lebte, belegen (zum Begriff der Proportionalität in Verbindung mit Kosmologie vgl. Minar 2013: 243ff). Gerade auch das Ziel, Zahlenverhältnisse am Himmel auszumachen, wird weitere drei Jahrzehnte später von Philolaos aus Kroton verfolgt. Die regionale Nähe zwischen den drei Naturforschern ist dabei bemerkenswert, denn Empedokles stammt aus dem sizilischen Akragas (heute: Agrigento), und Philolaos aus dem süditalienischen Kroton (heute: Crotone). Kroton wiederum ist genau der Ort, den Pythagoras als Exil gewählt hat und wo er maßgeblich lehrte. So ist es überhaupt nicht abwegig, anzunehmen, dass Pythagoras den Grundstein legte für alle späteren pythagoreischen Harmonielehren, die Maß und Zahl in der Natur suchten. Dass er seine Anregung dabei aus der Musiklehre schöpfte, kann – im Hinblick auf die Quellenlage – ebenfalls als sehr plausibel angenommen werden.

Für andere pythagoreische Lehren mag dieses Exempel folgendes bedeuten. Wir wissen aufgrund fehlender Originaltexte nicht genau, welche wissenschaftlichen Errungenschaften Pythagoras selbst gefunden und gelehrt hat, aber er hat mit großer Sicherheit bei folgenden Forschungsparadigmen, die in den Referaten über Pythagoras belegt sind, den Weg gewiesen:

- Die Ordnung der Welt ist mit Hilfe von Zahlenverhältnissen beschreibbar.
- Die Raumlehre ist eine wichtige Hilfe bei der Erklärung der Weltordnung.
- Die Erde ist eine Kugel, die in einem sphärischen Weltall eingebettet ist.
- Die Menschen besitzen eine Seele, die von einem Lebewesen zum nächsten Lebewesen wandert.

Zhmud hat sich mit der Rekonstruktion eines frühen pythagoreischen Weltmodells beschäftigt (Zhmud 2013). Bei diesem Modell dürfte die Erde – ähnlich wie bei Empedokles – kugelförmig gewesen sein, in ihrem Inneren gibt es aber keine Ansammlung von Elementmischung; sondern es brennt dort lediglich ein Feuer. Um diese Erde herum drehen sich einmal täglich die Sterne, während die Planeten wie Ameisen auf einer sich drehenden Töpferscheibe den ihnen eigenen Verlauf nehmen. Das Wort ‚Planet' lässt sich aus dem altgriechischen Verb planaomai ableiten; dieses Verb bedeutet ‚herumirren'.

Aussagekräftige Originaltexte der Pythagoreer wurden erst nach Parmenides und Empedokles geschrieben. Sie stammen von Philolaos, dessen erstaunlich vorausschauendes Weltbild wir zum Schluss darstellen wollen.

Gegenüber dem älteren pythagoreischen Weltmodell nimmt Philolaos zwei ganz wesentliche Modifikationen und viele Verbesserungen im Detail vor. Er überträgt die tägliche Bewegung der Sterne auf die Erde. Zum ersten Mal in der Wissenschaftsgeschichte wird die Erde als bewegter Körper mit anderen Himmelskörpern gleichgesetzt, um den Wechsel von Tag und Nacht mit der Bewegung des eigenen Standortes zu erklären. Die Erde dreht sich allerdings bei Philolaos nicht um die eigene Achse sondern sie kreist einmal täglich um ein Feuer, welches sich genau in der Mitte des Weltalls befindet. Jetzt kommt aber noch eine zweite Modifikation hinzu, die bis heute rätselhaft geblieben ist: Zur Erde postuliert Philolaos eine Gegenerde, die ebenfalls einmal täglich um das Zentralfeuer kreist. Es ist kein Grund auszumachen, wozu er einen solchen zusätzlichen Himmelskörper in seinem Modell benötigt.

Seine restliche Astronomie ist wiederum sehr schlüssig und sehr fortschrittlich. Antiken Berichten zufolge wird er dafür gelobt, dass er zum ersten Mal die damals bekannten fünf Planeten in einer sinnvollen räumlichen Anordnung in sein Modell einbezogen hat (vgl. etwa Hoppe 1911: 97ff). Dadurch, dass seine Erde in einem zur Sonnenbahn *schiefen* (geneigten) Kreis läuft, kann er erklären, warum die Tages- und Nachtlängen im Laufe eines Jahres schwanken. Ferner analysiert er die Mondphasen so genau, dass er sie als monatlichen Wechsel von Tag und Nacht, allerdings ohne die Schwankungen, die auf der Erde üblich sind, interpretieren kann. Auch einen Vorläufer des sogenannten Platonischen Jahres hatte er entwickelt. Er berechnete ebenfalls die Zeit, die notwendig ist, bis die Sonne und der Mond wieder gemeinsam an einem festgelegten Himmelsort stehen.

Ein kurzer Epilog

Statt die Kunde von den frühgriechischen Philosophen mit dem Schlagwort „Vom Mythos zum Logos" abzuhaken, sind wir hier einem ergebnisoffeneren Ansatz gefolgt und haben – so gut es im Rahmen der zum Teil spärlichen Quellenlage möglich ist – die Erkenntnisbestrebungen der Vorsokratiker mit ihren nachweislich komplexen ideellen Verzweigungen, Holzwegen und erfolgreichen Etappenzielen nachgezeichnet. Unsere Bewusstseinsperspektive des 21. Jahrhunderts können wir auf diese Weise kontrastieren, um möglicherweise von der Herangehensweise der Alten zu lernen. Jene mutigen Pioniere haben das Göttliche und die Erscheinungen der kosmischen Natur versöhnlich an die Anliegen der menschlichen Fragehaltungen geknüpft. Sie sind zugleich argumentative Wege gegangen und haben die Kosmologie bis in die heutige Zeit und wohl auch für die Zukunft geprägt. *Von der Erfahrung bloßer Zeitrhythmen zu einem stimmigen raum-zeitlichen Weltbild* wäre ein kleinster gemeinsamer Nenner, durch den ihr Forschen und Wirken zusammengefasst werden kann.

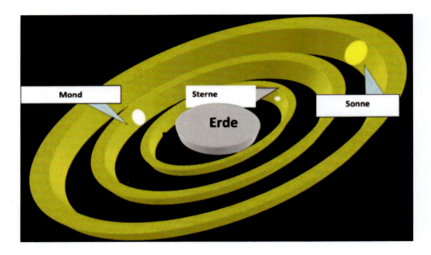

Abb. 1: Die feurigen Himmelsräder des Anaximander; die Feuerauslassöffnungen für die Erde und den Mond sind verschließbar; die Erd-Entfernungen von Sonne, Mond und Sternen stehen bei Anaximander im Verhältnis 27 : 18 : 9.

Abb. 2: Heraklits Erklärung der Mondphasen und seine Erklärung für das Auftreten von Tag und Nacht.

Abb. 3: Empedokles überträgt die Vorstellung, dass die Erde unterirdisch verwurzelt sei, auf eine kugelförmige Erde, indem er das Erdinnere mit einer Mischung seiner vier Grundbestandteile, die er Wurzeln nennt, ausfüllt. Auch für das Vorhandensein eines festen Firmaments bietet Empedokles eine Erklärung.

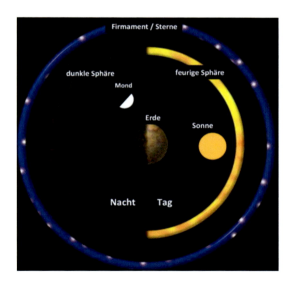

Abb. 4: Empedokles' kosmologisches Modell mit den Sternen am Firmament, die sich mit den Planeten, der Sonnensphäre, der eigentlichen Sonne und dem Mond mit nach innen abnehmender Drehgeschwindigkeit um die Erde bewegen. Auf die Abbildung der Planeten sowie auf die ausführliche Darstellung des Erdinneren wurde hier verzichtet (vgl. Abb.3).

Literatur

Primärliteratur

DK: Die Fragmente der Vorsokratiker. Griechisch und Deutsch von Hermann Diels, herausgegeben von Walther Kranz, Berlin 1952

Die Vorsokratiker I–III. Griechisch und Deutsch von M. Laura Gemelli Marciano, Artemis & Winkler, Mannheim 2007-2010

Die Vorsokratiker, Bd. I und II. Griechisch und Deutsch von J. Mansfeld, 2. Aufl., Reclam, Stuttgart 1999

Sekundärliteratur

Barnes, J. (1982): The Presocratic philosophers. 2. Aufl., Routledge, London, New York

Brunner-Traut, E. (1990): Frühformen des Erkennens am Beispiel Altägyptens. WBG, Darmstadt

Burkert, W. (1962): Weisheit u. Wissenschaft. Verl. Hans Carl, Nürnberg

Burkert, W. (1977): Griechische Religion der Archaischen und Klassischen Epoche. Kohlhammer-Verlag, Stuttgart

Burkert, W. (2003): Die Griechen und der Orient. C. H. Beck, München

Dührsen, N. C. (2013): Anaximander. In: H. Flashar, D. Bremer, G. Rechenauer (Hrsg.), Die Philosophie der Antike Bd.1.1, Frühgriechische Philosophie. Schwabe, Basel, 263-320

Fehling D. (1994): Materie und Weltbau in der Zeit der frühen Vorsokratiker – Wirklichkeit und Tradition. Inst. für Sprachwiss. der Univ., Innsbruck

Hoppe, E. (1911): Mathematik und Astronomie im klassischen Altertum. Carl Winter, Heidelberg

Janka, M. (2005): Fokalisierung und Mythenkritk in Hesiods Theogonie. In: G. Rechenauer (Hrsg.), Frühgriechisches Denken, Göttingen, 40-62

Kordos, M. (1999): Streifzüge durch die Mathematikgeschichte. Klett, Stuttgart

Kranz, W. (1912): Die ältesten Farblehren der Griechen, Hermes 47

Minar, E. L. Jr. (2013): Der Logos des Heraklit. In: L. Perilli: Logos – Theorie und Begriffsgeschichte. WBG, Darmstadt

Verhulst, J. (1994): Der Glanz von Kopenhagen – Geistige Perspektiven der modernen Physik. Verl. Freies Geistesleben, Stuttgart

Waerden B. L. van der (1966): Erwachende Wissenschaft I, Ägyptische, Babylonische und Griechische Mathematik. 2. Aufl., Birkhäuser, Basel

Waerden, B. L. van der (1980): Erwachende Wissenschaft II, Die Anfänge der Astronomie. 2. Aufl., Birkhäuser, Basel

West, L. (1971): Early Greek Philosophy and the Orient. Oxford: Univ. Press, Oxford

Zhmud L. (2013): Pythagoras und die Pythagoreer. In: H. Flashar, D. Bremer, G. Rechenauer (Hrsg.), Die Philosophie der Antike Bd.1.1, Frühgriechische Philosophie. Schwabe Verlag, Basel, 375-438

Albrecht Schad
Auf der Suche nach dem Herz des Kosmos

Wir liegen in einer lauen Sommernacht im August auf einer Wiese und schauen in den Himmel. Natürlich stellen wir uns diese Situation so vor, dass wir oben auf der Erde liegen und nach oben in den Himmel schauen. In seinem wunderbaren Buch „Das verborgene Herz des Kosmos" schlägt der US-amerikanische Astrophysiker Brian Swimme vor, sich vorzustellen, man liege in der lauen Augustnacht mit dem Rücken zur Erde unten auf der Erde. Die Schwerkraft der Erde hält uns, und wir spüren die Stärke dieser Verbindung durch einen Druck auf den Schultern und entlang des Rückens, des Gesäßes und der Beine. Wir meinen immer, dieser Druck käme von unserem Gewicht. Es ist aber nicht unser Gewicht. Die Erde hält uns durch ihre Anziehungskraft fest und wir schauen in die unendliche Schwärze des Alls ohne zu fallen. Die Erde ist unsere Heimat.
Die Vorstellung über das Verhältnis unsere Heimatplaneten Erde zu unserem Sonnensystem und zum Kosmos überhaupt hat sich durch große Zeiträume hindurch immer wieder gewandelt. Letztendlich ist es eine Suche nach dem Zentrum, nach dem Herz des Kosmos.
Im Chinesischen bedeutet China soviel wie Reich der Mitte oder auch Zentrum der Welt. In Mandarin heißt der Chinese „zhongguoren". Das bedeutet wörtlich übersetzt „Reich-der-Mitte-Mensch". Der Ausländer, der „waiguoren" ist entsprechende der „Außerhalb-des-Reichs-Mensch".
Spätestens seit dem Kaiser Qin Shi Huangdi (Ch'In Shi Huang-Ti – Erster göttlich Erhabener von Qin) im 3. Jahrhundert vor Christus betrachtete sich China nicht nur als Zentrum der Welt, sondern auch als einzige Zivilisation überhaupt (umgeben von Barbaren). Diesen Vorstellungen liegen konfuzianisch geprägte kosmologische Vorstellungen zugrunde:
Im Zentrum dieser kosmologischen Vorstellung steht der Kaiser (Huangdi). Er leitet seine Legitimation als Alleinherrscher der Welt (Tianxia, unter dem Himmel) ab von einem ihm vom Himmel übertragenen Mandat. Um den Kaiser herum gab es eine Reihe konzentrischer Kreise. Der erste war der Kaiserpalast. Der nächste Kreis war die Hauptstadt, deren Sitz im Laufe der Geschichte vielfach wechselte (heute Beijing), mit ihrem Kernland. Dann folgte das han-chinesische Kernland. Den letzten Kreis bildeten die peripheren Gebiete, mit den im Reich lebenden Minderheitsvölkern. Der

Kaiser empfing vom Himmel die göttlichen Weisheiten und teilte sie den Menschen des Reiches mit (vgl. Pancella 2008).

Zur Zeit der altägyptischen Hochkultur war das Zentrum des Reiches natürlich der Pharao. Er führte oft noch Beinamen wie „der große Gott" oder „Herr der beiden Länder". Der Pharao war der göttliche Vermittler. Er gab die Pläne der Himmelsgötter an die Menschen weiter. Und er hatte darauf zu achten, dass der göttliche Wille umgesetzt wurde. Ähnlich wie in China empfängt er also die göttliche Weisheit und gibt sie an die Menschen weiter. Das Leben der Menschen wurde durch diese Mitteilungen wesentlich geprägt. Ein Text aus dem zweiten Jahrtausend vor Christus, der in vielen Tempeln angebracht war, belegt die göttliche Legitimation des Pharao: „Re hat den König eingesetzt auf der Erde der Lebenden für immer und ewig. (So ist er tätig) beim Rechtsprechen den Menschen, beim Zufriedenstellen der Götter, beim Entstehenlassen der Wahrheit und der Vernichtung der Sünde. Er gibt den Göttern Opferspeisen, Totenopfer den Verklärten." (Blumenthal 2002: 58f).

Zur Zeit des griechischen Altertums gab es nicht mehr ein politisch-religiöses Machtzentrum. Wer Rat brauchte, kam aus allen Staaten zum Orakel von Delphi. Die göttlichen Weisheiten wurden aber nun nicht mehr direkt den Menschen vermittelt. Die Weisheitssprüche waren Rätselsprüche. Mit dem Verlust des Zentrums wurde die göttliche Weisheit unverständlich. Mit diesen Vorgängen ging einher, dass die sinnliche Welt beobachtet, beschrieben und berechnet wurde. Eratosthenes (276 in Kyrene – 194 v. Chr. in Alexandria) kam aufgrund seiner Beobachtungen zu der Überzeugung, dass die Erde rund sein müsse. So nahm er etwa bei einer Mondfinsternis wahr, dass der Erdschatten, der den Mond verdeckt, rund ist. Oder er beobachtete, dass ein Schiff, welches den Hafen verlässt, scheinbar mit zunehmender Entfernung im Meer versinkt. Nun machte er sich daran, den Umfang der Erde zu berechnen. Er hatte beobachtet, dass am 21. Juni die Sonne bei Assuan senkrecht genau auf den Boden eines tiefen Brunnens scheint. Am selben Tag steht die Sonne aber in Alexandria 7,2 Grad neben dem Zenit. Da 7,2 der fünfzigste Teil eines Kreises ist, brauchte er nur noch den Abstand Alexandria-Assuan und diesen mit 50 multiplizieren. Er kam auf 39400 km. Heute berechnen wir den Erdumfang mit 40064 km Seine Berechnungen sind folglich bewundernswert präzise. Wie er den Abstand Alexandria-Assuan so genau messen konnte, können wir bis heute nur bestaunen.

Aristoteles (384-322 v. Chr.) hatte etwa hundert Jahre vorher sein Kristallsphärenmodell entwickelt. So wie alle vor ihm und noch lange nach ihm war die Erde im Zentrum des Kosmos. Um sie herum kreisen die Planeten in unterschiedlichen Abständen auf Kristallkugeln. Auf der äußersten Kristallkugel befinden sich die Fixsterne. Mit den Planeten sah man auch die Götter am Himmel: Jupiter/Zeus, Venus/Aphrodite, Mars/Ares und so weiter. Es war eine Welt, in der man sich geborgen fühlen konnte, in die man eingebettet ist, umgeben von Kristallkugelsphären, auf denen die Götter wandelten.

Ptolemäus (75-160) reichte diese Erklärung nicht mehr ganz aus. Denn dieses Modell konnte nicht plausibel machen, warum Planeten gesetzmäßig auftretende Bewegungs*schleifen* (im Fortschreiten am Nachthimmel bei mehrtägiger Beobachtung zu jeweils fester Uhrzeit) am Himmel zeichnen. So dachte er sich (epizyklische) Zusatzkugeln aus, mit denen er die wirkliche Bewegung der Planeten besser begründen konnte (Abb. 1). Durch solche Überlegungen begann eine Entfremdung vom Kosmos. Die Götterwelt verblasste. Durch die Götterdämmerung wurde der Kosmos seelisch kälter. Die Araber übernahmen viele der Vorstellungen der Antike und entwickelten sie weiter. Daher haben wir noch heute viele arabische Begriffe in der Astronomie wie etwa Zenit oder Nadir.

Von Platon und Aristoteles bis Kopernikus und de Brahe kann man sich die Regelmäßigkeit, mit der die Sonne sich am Himmel bewegt und mit der die Sterne Nacht für Nacht wiederkehren, schlicht nicht anders erklären, als durch in sich geschlossene Kreise. Um diese Vorstellung zu verstehen, braucht man nur hin und wieder die Sternbilder am Nachthimmel anschauen. Sie sehen immer gleich aus. All die Sterne, die mit bloßem Auge zu sehen sind, behalten ihre relative Position zueinander über Jahre und Jahrhunderte bei. Es entsteht der Eindruck, als wären sie alle miteinander an einer sich drehenden Himmelskugel festgeheftet und deshalb an Kreisbahnen gebunden. In dieser scheinbar unverrückbaren Ordnung tanzen bei genauerem Hinsehen lediglich ein paar Wandelsterne, die Planeten, aus der Reihe. Aber dies ändert nichts an dem überwältigenden Gesamteindruck. Dieses Bild eines ewig unveränderlichen Kosmos haben die Menschen über Jahrtausende gepflegt, und zwar weit bis in das 20. Jahrhundert hinein.

Mit dem Kristallsphärenmodell von Aristoteles haben sich die Menschen fast 2000 Jahre lang die Bewegungen der Gestirne am Himmel erklärt. Auch Nikolaus Kopernikus (1473-1543) arbeitete noch mit diesem Modell. Durch die heliozentrische Theorie des antiken Astronomen Aristarchos von Samos (310-230 v. Chr.) wurde er entscheidend angeregt, ein heliozentrisches Weltbild zu vertreten (Abb. 2). Da ihm klar war, dass er mit diesen Gedanken Probleme mit der Kirche bekommen würde, veröffentlichte er sein Hauptwerk „De Revolutionisbus Orbium Coelestium" (Über die Umschwünge der himmlischen Kreise) bei Johannes Petreieus in Nürnberg erst kurz vor seinem Tod. Dort heißt es:

„Die erste und oberste von allen Sphären ist die der Fixsterne, die sich selbst und alles andere enthält [...]. Es folgt als erster Planet Saturn, der in dreißig Jahren seinen Umlauf vollendet. Hierauf Jupiter mit seinem zwölfjährigen Umlauf. Dann Mars, der in zwei Jahren seine Bahn durchläuft. Den vierten Platz in der Reihe nimmt der jährliche Kreislauf ein, in dem, wie wir gesagt haben, die Erde mit der Mondbahn als Enzykel enthalten ist. An fünfter Stelle kreist Venus in neun Monaten. Die sechste Stelle schließlich nimmt Merkur ein, der in einem Zeitraum von achtzig Tagen seinen Umlauf vollendet. In der Mitte von allen aber hat die Sonne ihren Sitz."

„So lenkt die Sonne, gleichsam auf königlichem Thron sitzend, in der Tat die sie umkreisende Familie der Gestirne. Auch wird die Erde keineswegs der Dienste des Mondes beraubt, sondern der Mond hat [...] mit der Erde die nächste Verwandtschaft. Indessen empfängt die Erde von der Sonne und wird mit jährlicher Frucht gesegnet." (Kopernikus 1543).

Den Nachweis für die Richtigkeit des heliozentrischen Weltbildes konnten erst James Bradley (1693-1762) im Jahr 1729 mit der Entdeckung der Aberration des Lichtes und dann 1838 Wilhelm Bessel (1784-1846) mit der ersten sicheren Bestimmung der Fixsternparallaxe erbringen. Johannes Kepler fand aber schon deutlich vorher mit den ellipsenförmigen Planetenbahnen, die er in seinen drei Gesetzen beschrieb, das korrekte mathematische Modell.

Derartige Kreismodelle, die sich letztendlich auf Aristoteles beriefen, tauchten bis zu Keplers Zeiten in Varianten immer wieder auf. Auch Tycho de Brahe (1546-1601) schwor auf sie. Er gab seinem Nachfolger noch den wohlmeinenden Rat:

„Man muss die Umläufe der Gestirne durchaus aus Kreisbewegungen zusammensetzen. Denn sonst könnten sie nicht ewig gleichmäßig und einförmig in sich zurückkehren, und eine ewige Dauer wäre unmöglich, abgesehen davon, dass die Bahnen weniger einfach und unregelmäßiger wären und ungeeignet für eine wissenschaftliche Behandlung" (Padova 2009: 217).

Dieser Eindringliche Appell von de Brahe an seinen Nachfolger Kepler wirkt wie eine Vorahnung dessen, wozu sein Assistent einmal fähig sein würde: nämlich die Jahrtausende alte mathematische Sprache der Astronomen von Grund auf zu verändern. Das aber hatte Kepler keineswegs beabsichtigt. Er wollte mit seinen Forschungen die Vollkommenheit der Schöpfung beweisen. Daher wusste er auch lange nicht, ob er Astronom oder Priester werden sollte. In seinem 1596 veröffentlichten wichtigen Werk „Mysterium Cosmographicum" (Das Weltgeheimnis) versuchte er einen geometrischen Schöpfungsplan zu konstruieren, während sein Zeitgenosse Galileo Galilei (1564–1642) an einen physikalischen Schöpfungsakt dachte und damit der modernere war. Galilei versuchte die Dinge physikalisch, praktisch zu erklären und zu nutzen, während Kepler mehr der Mathematiker und Philosoph war. Kepler betrachtete sich als „Priester am Buch der Natur".

Im Dezember 1599 wurde Johannes Kepler von Tycho de Brahe eingeladen, zu ihm nach Prag zu kommen. Durch die Gegenreformation war Kepler gezwungen Graz zu verlassen und nahm so 1600 eine Stelle als Assistent von de Brahe am kaiserlichen Hof in Prag an. De Brahe wollte verhindern, dass sein junger Assistent die Gedanken von Kopernikus weiterentwickelt. Außerdem wollte er, dass Kepler sein Weltbild weiter trage. Von de Brahes Weltbild hielt aber Kepler nicht viel. De Brahe hatte einen Kompromissvorschlag erarbeitet, in dem er das ptolemäisch-geozentrische und das kopernikanisch-heliozentrische Weltbild vereinte: Im Zentrum ruht, wie bei Ptolemäus auch, die Erde. Sie wird von Mond und Sonne umkreist. Wie bei Kopernikus aber umkreisen alle Himmelskörper die Sonne und wandern mit ihr um die Erde. Merkur und Venus sind dabei ständige Begleiter der Sonne (Couper Henbest 2008: 116ff). Alles ist umgeben von der Sphäre der Fixsterne, die sich einmal in 24 Stunden um die Erde bewegt (Abb. 3).

Um seinen übereifrigen Assistenten zu zügeln, sollte Kepler, statt gleich den ganzen Kosmos zu bearbeiten, sich ganz auf einen einzigen Planeten konzentrieren: den Mars. Damit stellte de Brahe, ohne es zu wollen die Weichen, damit Kepler die elliptische Bahn der Planeten entdecken konnte. Denn ausgerechnet die Bahn des Mars um die Sonne weicht von allen Planeten am stärksten von der Kreisbahn ab. Und ausgerechnet de Brahes genaue Messdaten sind die Grundlage dafür, dass Kepler die Astronomie grundlegend erneuert. Was für ein Schicksal.

Wie kam Brahe zu den Messdaten? Er konnte König Friedrich der Zweite von Dänemark und Norwegen davon überzeugen, ihm eine Sternwarte auf der Öresundinsel Ven zu bauen. Der König übernahm sogar alle Unkosten für die erforderlichen Instrumente, Gebäude und Mitarbeiter. Das waren immerhin 1-2 % der königlichen Einnahmen. 1576 wurde der Grundstein gelegt. Hier arbeitete de Brahe 21 Jahre lang. Durch sein ausgeklügeltes Messsystem konnte de Brahe die Position der Himmelskörper sehr genau messen. Wenn man den Nagel des kleinen Fingers mit 60 Strichen unterteilt, so waren seine Messungen auf 5-8 Striche genau. Nach dem Tod seines Mäzens ging er schließlich nach Prag als Astronom an den Hof von Kaiser Rudolf dem Zweiten. Wenige Jahre ist es den beiden vergönnt zusammenzuarbeiten: der begnadete Beobachter und Vermesser de Brahe und der hochbegabte Mathematiker und Denker Kepler. Im Oktober 1601 starb de Brahe unerwartet. Seinem Tod war ein Trinkgelage beim Grafen Rosenberg vorausgegangen. Kepler zufolge hatte de Brahe trotz starken Harndrangs die Tafel nicht verlassen wollen (man stand nicht vor dem Kaiser auf) und bekam danach Fieber. Er ist wohl an einem Blasenriss qualvoll gestorben. In den Tagen vor seinem Tod ordnete er noch bewusst seine Sachen. Er gab Kepler auf dem Sterbebett alle seine Daten mit dem Auftrag sie zu veröffentlichen und auszuwerten. Kaiser Rudolf setzte ihn auf de Brahes Stelle. So rückte Kepler unerwartet mit dreißig Jahren auf einen der begehrtesten Posten für Mathematiker in Europa auf.

Kepler wendete sich nun dem Problem zu die exakte Bahn des Mars zu ermitteln und kam zunächst darauf, sie müsse irgendwie „pausbäckig" sein. Seine halsbrecherischen Berechnungen ziehen sich über fünf Jahre hin, bis er die richtige Planetenbahn gefunden hat. Oft steht er nach monatelangen Berechnungen fast mit leeren Händen da: „Wie klein ist das Getreidehäufchen, das wir diesmal beim Dreschen bekommen haben" (Hermann 1991: 26). Schließlich steht das sichere Ergebnis fest: die Bahn des Mars ist nicht kreisförmig. Die wunderbare Symmetrie wurde durch 8 Bogenminuten zunichte gemacht. Die Bahn des Mars ist eine Ellipse. Dem kurzsichtigen Jungen aus der Nähe von Tübingen gelang es als erstem Forscher, die wahren Bewegungen der Planeten zu ermitteln. Kepler wollte letztlich die Vollkommenheit Gottes beweisen. Jetzt entdeckte er aber, dass die Planetenbahnen nicht in ihrer Elementarsymmetrie vollkommene Kreise sind, sondern Ellipsen. Gottes Schöpfung ist also nicht vollkommen. Kepler soll geweint haben, als ihm dies klar wurde. Für ihn persönlich war dieses Ergebnis nicht nur schlecht, es war ein Desaster. Als moderner und redlicher Wissenschaftler aber akzeptierte er das völlig unerwartete Ergebnis, so wie es ist und versuchte nicht das Ergebnis zu Schönen, damit es seinen vorher ausgedachten gedanklichen Konstruktionen entspräche. Manch anderer Wissenschaftler hätte eine solch geringe Abweichung als unvermeidlichen Fehler abgetan. Kepler aber nimmt diese geringe Differenz zum Anlass, noch einmal Tycho de Brahes Beobachtungen auf ihre Zuverlässigkeit zu überprüfen. Sein Empirismus ist bewundernswert. Kepler gelingt es nicht nur als erstem Forscher die wahren Bewegungen der Planeten zu ermitteln, indem er komplexe mathematische Probleme löst, sondern er gibt auch eine neue Ursache für die Bewegungen der Himmelskörper an. Er spricht nicht mehr von Kristallsphären, sondern er spricht von Anziehungskräften im Sonnensystem (vgl. Abb. 4).

In Galileo Galilei hatte Kepler für ein heliozentrisches Weltbild einen Mitstreiter. Galilei schrieb ihm, er hänge auch dieser Idee an, müsse es aber geheim halten, bis es noch bessere Beweise gäbe. Der ungestüme Kepler schrieb daraufhin, dass er Galileis Brief doch als Referenz nehmen könne, um die Idee zu verbreiten und recht bekannt zu machen. Dieses Ansinnen verschreckte den karrierebewussten Galilei, der zeitlebens viel lebenspraktischer war als Kepler, so, dass beide nie zusammenkamen. Galilei ignorierte sogar Keplers Bitte, ihm doch ein Fernrohr zur Verfügung zu stellen, damit er die von Galilei entdeckten Monde des Jupiters auch sehen könne. Außerdem störte diese Bitte seine Geschäftsideen mit dem Fernrohr. Ihre Kommunikation scheiterte letztendlich an ihren unterschiedlichen Temperamenten, an ihren individuellen Ambitionen und unterschiedlichen wissenschaftlichen Ansätzen. Galilei konnte vor allem mit den elliptischen Bahnen der Planeten nichts anfangen. Die Kreisbahn war für ihn die für Himmelskörper würdige Form.

„[Galilei] war Keplers Art zu denken und zu schreiben nicht sympathisch, wie die bekannte Äußerung beweist: *Ich habe Kepler stets wegen seines freien und feinen Verstandes geschätzt; allein meine Art zu philosophieren ist von der seinigen durchaus verschieden.* ... trotz seiner glänzenden Leistungen ... hatte Galilei keinen Sinn für die Keplerschen Gedanken einer Himmelsmechanik." (Max Caspar: Aufbau und Beurteilung der Astronomia Nova, in Kepler 1990: 58)

Galilei schwieg weitestgehend zum Werk Keplers. Man würde bei ihm vergebens Äußerungen über Keplers Entdeckungen finden (ebd. 57). Nach Padova sei ein einziger überlieferter Kommentar von Galilei zu Keplers Himmelsmetaphysik im „Dialog über die Weltsysteme" (Salviati zur Herrschaft des Mondes über das Wasser) zu finden (Padova 2009: 326).

Rückblickend erscheint es merkwürdig, dass de Brahe nach Kopernikus immer noch die Erde für den Mittelpunkt der Welt hält und dass Galilei nach Kepler immer noch die Kreisbahn bevorzugt. Das zeigt aber, dass Forschung nicht gradlinig fortschreitet, weil Forscher durch Temperament und Einseitigkeiten spezifische Fragestellungen haben.

Beide erlebten nicht die Anerkennung ihrer Zeit. Max Plank hat das einmal so ausgedrückt: „Eine neue wissenschaftliche Wahrheit pflegt sich nicht in der Weise durchzusetzen, dass ihre Gegner ignoriert werden und sich als belehrt erklären, sondern dadurch, dass die Gegner allmählich aussterben und dass die heranwachsende Generation von vorne herein mit der Wahrheit vertraut gemacht wird." (Padova 2009: 310).

Für die kommenden drei Jahrhunderte, d.h. bis ins 20. Jahrhundert hinein, gab es keine vergleichbaren bahnbrechenden neuen Ideen über den Kosmos. Der naheliegende Mittelpunkt unserer anschaulichen kosmischen Umgebung ist die für unser Leben unverzichtbare Sonne. Man fand heraus, dass in größeren Entfernungen Spiralnebel existieren, die man Galaxie nennt. Edwin Hubble (1883-1953) entdeckte ab 1923 in mehreren Spiralnebeln (beginnend mit den äußeren Partien des Andromeda-Nebels) sog. Cepheiden, eine bestimmte Sorte von variablen (pulsationsveränderlichen) Sternen, deren Entfernung anhand der Perioden-Helligkeits-Beziehung bestimmt werden konnte.

Dadurch wurde deutlich, dass es sich bei Spiralgalaxien um sehr weit entfernte Objekte (die nicht zum Milchstraßensystem gehören) handelt. Hubble beschrieb die Spiralgalaxien, die er im Jahr 1925 (bis heute weitestgehend gültig) klassifizierte, in seinem Buch „The Realm of the Nebulae" (1936).

Unsere Sonne mit ihren Planeten ist eine Sonne von Millionen anderer Sonnen in unserer Heimatgalaxie, der Milchstraße, an deren Rand wir uns befinden. Das kann man sich durch folgende Beobachtung klar machen: Schaut man in der Ebene der Spiralscheibe an den Himmel, dann sieht man die Milchstraße. Schaut man senkrecht zu dieser Ebene an den Himmel sieht man den normalen Sternenhimmel. Jetzt ist das Zentrum unseres Kosmos das Zentrum der Galaxie Milchstraße. Dann bemerkte man also (Hubble), dass es Milliarden anderer Galaxien mit jeweils Millionen von Sonnen gibt. Unsere nächste Nachbargalaxie, der Andromeda-Nebel ist 24 Lichtjahre von uns entfernt. Wo aber ist jetzt das Zentrum des Alls?

Nun müssen wir einen kleinen gedanklichen Einschub machen. Die Rotverschiebung kann man als einen speziellen Fall des Dopplereffektes auffassen. Der nach Christian Doppler (1803-1853) benannte Dopplereffekt besagt, dass sich eine auf den Hörer zu bewegende Schallquelle an Frequenz zunimmt, der Ton also höher wird. Bewegt sie sich weg, wird der Ton tiefer. Für die Schallwellen hat dies der Naturforscher Christoph Buys Ballot (1817-1890) zum ersten Mal 1845 nachgewiesen (Schuster 2003: 61). Er stellt dafür mehrere Trompeter sowohl auf einem fahrenden Eisenbahnzug als auch neben der Bahnstrecke auf. Wenn der Zug vorbeifuhr sollte jeweils einer von ihnen ein G spielen und die anderen die gehörte Tonhöhe bestimmen. Das Ergebnis war eine Verschiebung um einen Halbton, bei einer Geschwindigkeit von 70 km/h. 20 Jahre später wies William Huggins (1824-1910) die vorhergesagte spektroskopische Doppler-Verschiebung im Licht der Sterne nach. Beim Licht bedeutet das, dass sich das Spektrum einer sich von uns fortbewegenden Lichtquelle in den Rotbereich, eine sich nähernde in den Blaubereich verschiebt. Man kann also messen, ob sich eine Lichtquelle auf uns zu bewegt oder sich von uns wegbewegt.

1927 postulierte der belgische Priester Georges Lemaitre (1894-1966) aufgrund der Rotverschiebung die Expansion des Weltalls. 1929 veröffentlichte Hubble zusätzliche Daten für den linearen Zusammenhang zwischen der Rotverschiebung und der Verteilung extragalaktischer Nebel. Vorsichtig wie er war, zog er aber nicht die physikalische Schlussfolgerung einer Expansion des Weltalls.

Einstein hatte noch zu Beginn des 20. Jahrhunderts zunächst in seine Relativitätstheorie eine Konstante eingebaut, die er brauchte, um die Vorstellung eines ewig unveränderlichen Kosmos zu begründen. Später hat er diese Konstante gestrichen und sie als die größte Eselei seines Lebens bezeichnet (Steiner 2005: 20). Einstein hat sich vehement gewehrt gegen die Erkenntnis eines sich entwickelnden, expandierenden Kosmos. Das heißt, gerade die Menschen, welche die Expansion des Kosmos entdeckt hatten, waren entsetzt von dieser Entdeckung. Und sie taten zunächst alles (allerdings vergeblich), um sie nicht akzeptieren zu müssen. Im Jahr 1910 veröffentlichte Rudolf Steiner seine „Geheimwissenschaft im Umriss" mit einem Evolutionskapitel. Es war ein revolutionärer und selbständiger Wurf, dass er eine Weltgenese in Betracht zog, die Entwicklung kennt, und dadurch insbesondere ein Entwicklungsszenario schildert, das offen verläuft und das die gesamte intellektuelle Elite seiner Zeit damals für undenkbar hielt. Noch zu Beginn der 60er Jahre des letzten Jahrhunderts hielt andererseits nur etwa ein Drittel der Fachwissenschafter die Urknalltheorie für richtig.

Im Jahr 1978 erhalten Arnold Penzias (*1933) und Robert Wilson (*1936) den Nobelpreis für Physik für die Entdeckung der kosmischen Mikrowellen-Hintergrundstrahlung. Sie arbeiteten 1964 an den Bell Laboratorien in Homdel, New Jersey an einer neuen Art von Antenne. Dabei trat ein störendes Hintergrundgeräusch auf, welches aus allen Richtungen kam und immerzu gleich war. Ein Jahr lang suchten sie vergeblich nach der Ursache. Sie befreiten die Antenne von Vogeldreck und überprüften sämtliche Geräte und Schaltkreise. Das ununterbrochene Zischen, das ihre experimentelle Arbeit unmöglich machte, blieb. Schließlich bemerkten sie, dass das Zischen kein Fehler ihrer technischen Geräte war, sondern dass sie etwas maßen. Die kosmische Hintergrundstrahlung war entdeckt. Sie ist gleichmäßig überall da und räumlich nicht zu orten, eine Mikrowellenstrahlung aus der Frühzeit des Kosmos. Da die Sterne nicht die Ursache für diese Strahlung sein konnten, war es das Weltall selbst. Man kann sich das vorstellen wie in einem warmen Zimmer, in dem aber der Ofen schon aus ist, die Wärme aber immer noch vorhanden ist. Die gemessene Strahlung beträgt -270 Grad, das entspricht drei Grad Kelvin. Man kann diese geringe Energie als eine letzte Erinnerung, einen letzten Rest davon auffassen, dass es ganz am Anfang des Kosmos eine gewaltige kosmische Expansion gab. Als sich diese Urwärme des Universums durch ständige kosmische Expansion abkühlte, trat die erste gasförmige Urmaterie in Erscheinung und begann sich zu leuchtenden Fixsternen zusammenzuballen. Wir können sogar heute sagen, dass diese Urmaterie zu 75% aus Wasserstoff und zu 25% aus Helium bestand (vgl. zu diesem Komplex Couper Henbest 2008: 231-241). Andere chemische Elemente gab es fast noch nicht. Es entstand also erst Wärme, dann Licht, dann chemische Stoffe und schließlich feste Materie. Erst mit dem Nobelpreis erhielt diese Entdeckung die volle Anerkennung. Das hatte Folgen, denn die Anwesenheit der Hintergrundstrahlung unterstützte empirisch die Idee eines expandierenden Kosmos.

Da wir auf diese Weise von der Erde aus erfassen können, dass sich fast alle Fixsterne von uns fortbewegen, sind wir plötzlich wieder im Zentrum des Kosmos. Wenn wir die Perspektive von einem anderen Gestirn aus einnehmen, sieht es genauso aus. Als Bild dafür kann man sich einen Hefekuchen mit Rosinen vorstellen, der beim Backen aufgeht. Auf welcher Rosine ich sitze, ändert nichts an der Tatsache, dass die anderen Rosinen sich von mir entfernen. Deshalb sprechen wir heute von einem multizentrischen Weltbild. Es gibt kein Zentrum mehr. Man könnte auch sagen, es ist ein Kosmos, dessen Mittelpunkt in seiner eigenen Ausdehnung liegt. Heute kann sich jeder mit seinem Ichbewusstsein als Zentrum, als Kaiser von China fühlen. Jeder ist ein Weltenmittelpunkt. Man könnte auch sagen: „Das Zentrum des Kosmos ist jedes Ereignis im Kosmos" (Swimme 1997: 133).

Wir sind im Ursprung des Kosmos und zugleich 15 Mrd. Lichtjahre weit weg. Jeder Ort im Universum ist eine Lokalisierung, von wo aus das Universum „aufflammte" (raumzeitlich expansiv wurde). Wir existieren also so gesehen am Geburtsort des Universums. Für jeden Punkt im Universum lässt sich diese Positionierung einnehmen.

Wir können das Ganze auch rückwärts denken. Wir lassen das All schrumpfen und schrumpfen, bis es weg ist. Was dabei „Schrumpfen" wirklich bedeutet, übersteigt unsere Vorstellung. Zeit und Raum gibt es dann nicht mehr. Andererseits entsteht im „Anfang des Universums" Zeit und Raum nicht in einen vorhandenen (Newtonschen) Raum hinein, der schon vorher existierte. Es ist ein Ausbruch von Raum und Zeit aus einem geheimnisvollen Beginn. Erst entsteht allumfassende Wärme, dann Licht und dann entstehen erste Materiewolken, die farbig strahlen. Dazwischen gibt es Dunkelwolken aus interstellarem Staub als bevorzugte Orte für neu entstehende Fixsterne. Steiner schildert in seiner „Geheimwissenschaft" die Evolution des Kosmos eben in dieser Reihenfolge: erst Wärme, dann Licht, dann verdichtete Materiewolken und schließlich Verdichtungen zu Fixsternen und Planeten. Zwischen diesen „Planeteninkarnationen" seien Übergänge als Zwischenstadien ohne Zeit und Raum. Thomas Schmidt hat dies in einem sehr interessanten Aufsatz erläutert (Schmidt 2009).

Begonnen hatten wir also mit der Vorstellung, wir lägen unten an der Erde, und schauten in das unendliche schwarze Nichts des Kosmos. Das Experiment widerspricht allem, was wir gewohnt sind im natürlichen Verständnis einer Erde *unter* uns. Seit Jahrtausenden, wahrscheinlich seit Jahrmillionen, wurde es gelebte Anschauung, dass sich Sterne, Himmel und Gott *oben* befinden. Kulturen und Generationen haben die Erde als festen

Platz im Zentrum des Universums erlebt. Und wenn wir ehrlich sind, erleben wir das heute noch so. Die Vorstellungsübung ist ein Angebot, diesen innerlich tradierten Erfahrungshorizont aufzubrechen, um möglicherweise der kosmischen Wirklichkeit etwas näher zu kommen.

Wir können abschließend nach unserem eigenen Verhältnis zu Erde und Kosmos fragen. Was bedeutet die Erde für uns?

Die menschliche Kultur mit dauerhaft bewohnten Siedlungen ist bis in Höhen von 5000 m vorgedrungen (in den Anden). Am Toten Meer kann man bei 400 m unter dem Weltmeeresspiegel problemlos leben. Ohne große Hilfsmittel können wir bei guter Vorbereitung und Kondition bis auf 9000 m Höhe vordringen (Mt. Everest) und bis in etwa 200 m Tiefe tauchen.

Die heutige Technik ermöglicht es uns, mit U-Boot-Kapseln die tiefsten Stellen der Weltmeere zu erreichen (Marianengraben: 11022 m) und mit Raumkapseln zum Mond zu fliegen. Im Prinzip wird es auch möglich sein, bemannte Raumfahrt zu den Planeten unseres Sonnensystems durchzuführen. In Bezug auf Mars wird dies in den nächsten Jahrzehnten voraussichtlich erfolgen. Zu Pluto würde es hin und zurück etwa 60 Jahre dauern. Eine solche Reise muss ziemlich unsinnig erscheinen, aber im Prinzip kann so etwas in Zukunft möglich sein.

Die Fixsternsphäre ist aber dem Menschen wegen der großen Distanzen prinzipiell nicht zugänglich. Der nächste Fixstern, Proxima Centauri, ist 4,2 Lichtjahre entfernt (Lichtgeschwindigkeit 300 000 km/s). Eine Reise dorthin würde etwa 30 000 Jahre dauern. Da wir uns nicht in Licht verwandeln können, wird es dem Menschen nicht möglich sein, mit einem physischen Körper den Kosmos zu erobern. Er ist unerreichbar weit weg für uns. An diesen räumlichen Verhältnissen, die wir nicht überwinden können, könnte man verzweifeln.

Der deutsche Astronaut Ulrich Walter hat 1997 in einem Spiegelartikel beschrieben, wie es sich anfühlt, wenn man im All ist:

„Zunächst fällt auf, dass etwas Wichtiges fehlt. Wo ist oben und wo ist unten? Der Bezug zur Umgebung hat sich radikal gewandelt und damit ändert sich mein Empfinden. Ich fühle mich nicht mehr in eine Welt eingebettet, die mich gerade noch umgab. Alles Sein reduziert sich nur noch auf mich. Ich habe das elementare Gefühl, allein zu sein. Ich bin die Welt – sonst nichts. Diese Hinwendung auf das Ich lässt mich meinen Körper ganz neu spüren. Nichts belastet mich mehr. Die Kleidung schwebt wie eine Hülle um den Körper. Das ist so eigenartig, dass ich mit den Schultern wackele, um zu fühlen, ob das Hemd noch da ist.

Aber auch die Last des eigenen Körpers ist verschwunden. Kein Körperdruck mehr auf den Fußsohlen. Die Arme liegen nirgendwo auf. Erst in dieser

Situation erkenne ich, welchen Belastungen mein Körper auf der Erde ausgesetzt ist. Erst seither ist mir das kaum spürbare Herunterhängen der Wangen bewusst oder dass dieses leichte Schmetterlingsgefühl in meiner Magengegend vom Ziehen der Eingeweide unter dem Einfluss der Erdschwere herrührt. Woran merke ich dann eigentlich noch, ob ich einen Körper habe? Die Antwort ist verblüffend: Es scheint so, als gäbe es ihn tatsächlich nicht mehr. Nichts deutet mehr auf ihn hin. Ein Sein ohne Körper. Das einzige was mir bleibt ist mein Denken." (Walter 1997).

Wir könnten uns also mit der Tatsache vertraut machen, dass nur dieser kleine Planet Erde die einzige Stelle im riesigen Kosmos ist, auf der wir im Moment existieren können. Wir sollten daher verantwortlich mit unserem Heimatplaneten umgehen. Zweitens gibt es nach unserem jetzigen Kenntnisstand, soweit wir ermessen können, kein anderes Leben im Kosmos. Wir sind hier auf der Erde ganz schön einsam. Wir brauchen schließlich die Erde noch aus einem dritten Grund. Wenn wir nicht nur selbstbezüglich sein wollen, indem wir also echte soziale Beziehungen zu anderen Menschen anstreben und eingehen, ist und wird die Erde dafür zentral und unverzichtbar. Sie hilft uns, das Du, den anderen Menschen wahrzunehmen, den anderen Mittelpunkt im Kosmos.

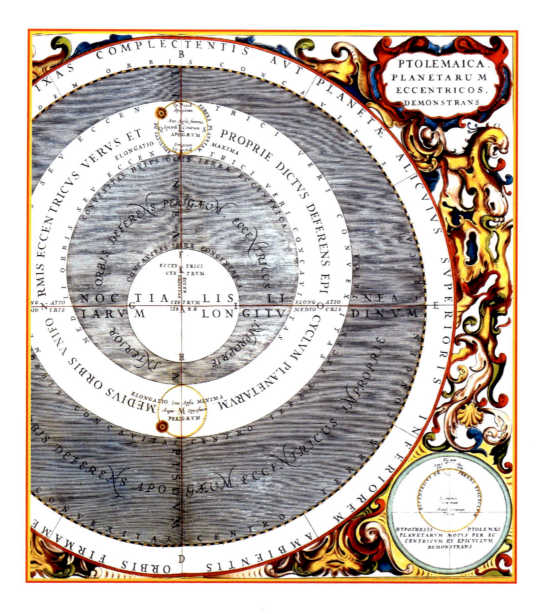

Abb. 1: Geozentrisches Weltsystem von Ptolemäus (dargestellt durch Andreas Cellarius) mit sichtbaren (gelben) Epizykeln zur Erklärung der Schleifenbahnen der Planeten (Couper Henbest 2007: 78).

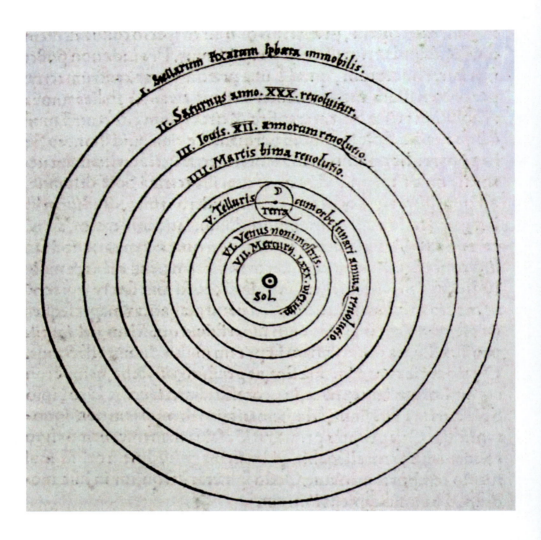

Abb. 2: Darstellung des heliozentrischen Systems in Libri VI der Originalausgabe von „De Revolutionibus Orbium Coelestium" von Nikolaus Kopernikus.

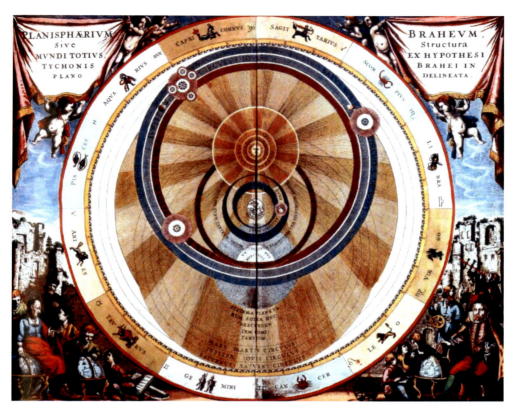

Abb. 3: Das Universum von Tycho Brahe mit der um die Erde kreisenden Sonne (Couper Henbest 2007: 117) und Portrait von Tycho Brahe (Stich um 1860).

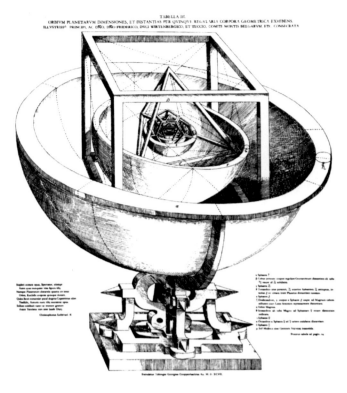

Abb. 4: Die Abstandsverhältnisse der Sphären (von Planetenbahnen) brachte Johannes Kepler in seinem Werk „Mysterium Cosmographicum" mit den fünf Platonischen Körpern in Verbindung; Portrait von Johannes Kepler (Stich um 1860).

Literatur

Blumenthal, E. (2002): Die Göttlichkeit des Pharao: Sakralität von Herrschaft und Herrschaftslegitimierung im Alten Ägypten. Berlin

Couper, H., Henbest, N. (2008): Die Geschichte der Astronomie. Frederking Thaler, München

Giebel, M. (2001): Das Orakel von Delphi. Geschichte und Texte. Reclam, Ditzingen

Hermann, A (1991).: Weltreich der Physik – Von Galilei bis Heisenberg. 2. Aufl., GNT, Diepholz

Kepler, J. (1990): Neue Astronomie. Oldenbourg, München

Kopernikus, N. (1543): De Revolutionisbus Orbium Coelestium. Bd. 1, Kap.10, Johannes Petreieus, Nürnberg

Padova, T. de (2009): Das Weltgeheimnis – Kepler und Galilei und die Vermessung des Himmels. Pieper, München-Zürich

Pancella, P. (2008): Qin Shi Huangdi – First Emperor of China. Heinemann, Chicago

Schmidt, T. (2009): Eine „Brücke" zwischen den Vorstellungen von der Evolution des Universums durch die Astrophysik und die Anthroposophie. In: Schad, W. (Hrsg.): Evolution als Weltverständnis in Kosmos, Mensch und Natur. Verl. Freies Geistesleben, Stuttgart

Schuster. P. M. (2003): Weltbewegend – unbekannt. Leben und Werk des Physikers Christian Doppler und die Welt danach. Living Edition, Pöllauberg-Hainault-Atascadero

Steiner, F (2005).: Albert Einstein – Genie, Visionär und Legende. Springer, Heidelberg

Steiner, R. (1910): Die Geheimsissenschaft im Umriss. GA 13, R. Steiner Verl., Dornach 1962

Swimme, B. (1997): Das verborgene Herz des Kosmos. Claudius Verl., München

Walter, U. (1997): Was mir bleibt ist mein Denken. In: Spiegel 8/1997

Autoren

Dr. Albrecht Hüttig
geb. 1953, Studium der Geschichte, Germanistik und Romanistik. Promotion in einem wissenschaftsgeschichtlichen Thema. Langjähriger Oberstufenlehrer an der Rudolf Steiner Schule Nürtingen und Gastdozent für Oberstufendidaktik und -methodik an der Freien Hochschule Stuttgart. Seit 2013 Leiter des Fachbereichs Deutsch und Geschichte (die Fächer und ihre Methodik-Didaktik) an der Freien Hochschule Stuttgart. Lehr- und Forschungstätigkeit zur Pädagogik im Jugendalter sowie zu historischen, germanistischen und sozialwissenschaftlichen Themen.

Prof. Dr. Walter Hutter
geb. 1964, Studium der Mathematik, Physik und Philosophie in Stuttgart und Tübingen, Promotion in Mathematik (Eberhard-Karls-Universität Tübingen). Oberstufenlehrer an der Freien Waldorfschule auf den Fildern. Seit 2009 Professor für Didaktik der Mathematik und Physik an der Freien Hochschule Stuttgart. Forschungsschwerpunkte: Phänomenologisches Denken im mathematischen und naturwissenschaftlichen Unterricht, Identitätsbildung durch Wissenschaft insbesondere im Jugendalter, Beziehung von Mathematik und Geisteswissenschaft, Lehrerbildung als Entwicklung von Fähigkeiten. Publikationen unter whutter.de.

Dr. Thomas Maile
geb. 1960, Studium der Mathematik, Physik und Wirtschaftswissenschaften an der Eberhard-Karl-Universität Tübingen. Nach seinem Diplom promovierte er bei Prof. Dr. Hanns Ruder (Tübingen) in theoretischer Astrophysik über Strahlungsmechanismen bei Röntgenpulsaren. Heute tätig in der Wirtschaft sowie auf Forschungsebene projektorientiert zum „Standardmodell" und zu aktuellen Fragen der Kosmologie.

OStR Achim Preuß
geb. 1966, Studium der Mathematik und Physik an der Universität Stuttgart und der Philosophie an der Eberhard-Karls-Universität Tübingen. Seit 1994 Oberstufenlehrer für Mathematik und Physik (derzeit tätig am Wirtschaftsgymnasium und am Technischen Gymnasium Rottenburg). Dozent für Mathematik an der Hochschule für Forstwirtschaft in Rottenburg.

Im Studienjahr 2010/11 Forschungsprojekt an der Philosophischen Fakultät der Universität Tübingen mit dem Thema „Astronomie der Vorsokratiker".

Prof. Dr. Albrecht Schad
geb. 1963, Besuch der Waldorfschule in Pforzheim und Stuttgart. Studium der Biologie und Geographie in Heidelberg, anschließend Promotion. 1992-1994 Referendardienst. Seit 1992 Dozent an der Fachhochschule für Kunst und Mediendesign in Schwäbisch Hall mit Professur seit 2004. Seit 1995 Dozent an der Freien Hochschule Stuttgart. 1994-2007 Oberstufenlehrer an der Freien Waldorfschule auf den Fildern. Seit 2007 Oberstufenlehrer an der Freien Waldorfschule Uhlandshöhe. Professur an der Freien Hochschule Stuttgart für Didaktik der Biologie und Geografie.